新天地　非常道

寻找一条城市回家的路

U0178396

新天地
非常道

寻找一条城市回家的路

周永平 著

东方出版中心

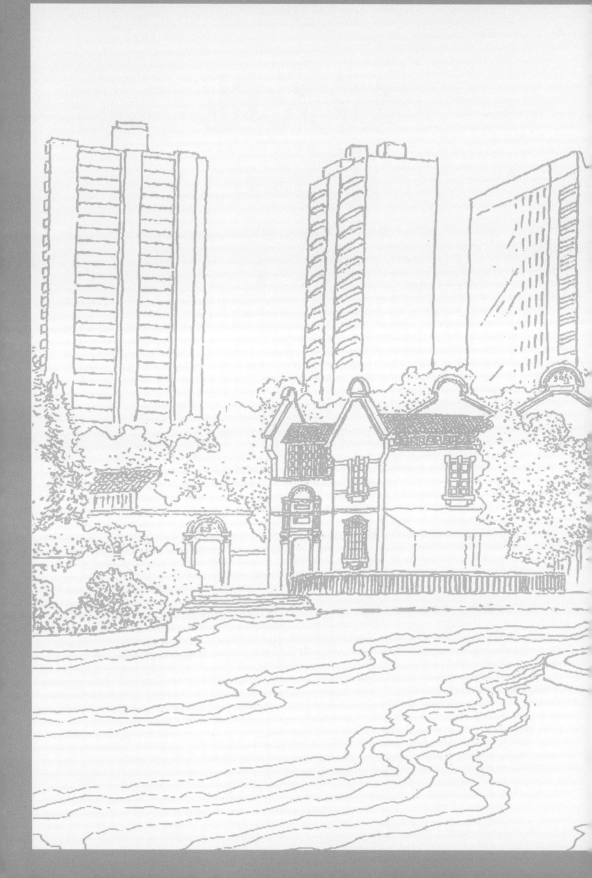

本书作者

周永平

1953 年生，上海人。1969 届知青下乡，曾在空军航空兵任职 18 年，1988 年转业进入上海市政府办公厅新闻处任职，曾任上海市市政府侨办新闻文化处处长，兼任《上海侨报》总编辑。1999 年"下海"进入香港瑞安集团，参与创建上海"新天地"。历任高级经理、董事长助理。2005 年创建淮海路经济发展促进会，担任创会会长。在复旦大学、同济大学、上海交通大学等多所高等院校和中国浦东干部学院"城市化干部班"授课，受聘担任同济大学浙江分院客座教授。

新版前言

中国城市化大规模造新城的时代渐行渐远,城市更新将是未来的一个大趋势。在城市更新的时代,上海近三十年所建设的大量建筑物,各自的命运大不相同。有多少建筑物因匠心打造,依然屹立,青史留名,美誉远扬;又有多少建筑物由于建造者目光短浅,一心谋财,陷入颓塌拆毁之列。上海当代已矗立起无数的高楼大厦,让人能记住名字的并不多,反倒是一百多年前的石库门建筑,它虽个头不高,却因其独特性,成为上海最有文化可识别性的建筑而保存至今。

以石库门为主要建筑空间的上海新天地在 2001 年一问世就在国内外引起轰动,令人始料未及。上海的旧石库门弄堂在上世纪下半叶曾一度走向衰败,面临被成片拆除的厄运。瑞安集团在 20 世纪"关门"的那一刻,用新的开发性保护石库门的理念和手法,赋予历史建筑新的生命力,在上海跨入 21 世纪门槛时,新天地横空出世,惊艳亮相,让上海市民大吃一惊,击节称奇!媒体争相报道,称中国人走进新天地感到它很洋气,外国人走进新天地感到它很中国,中老年人走进新天地感到它很怀旧,年轻人走进新天地感到它很时尚。从此,上海人改变了对石库门的看法!原来嫌弃石库门的年轻男女把约会地点放在新天地,结婚拍婚纱照乐以新天地的石库门为背景,甚至说时尚不时尚,就看你一星期去几次新天地。新天地成为既时尚又怀旧的好去处,成为城市"大客厅",供广大市民和国内外游客在聚会交流中感受一座城市的过去、现在和将来。新天地的出现仿佛为上海历史建筑之保护性开发打开了一扇认知的大门。于是,旧别墅区改造的"思南公馆"、旧弄堂改造的"田子坊"、旧厂房改造的"八号桥"、江边旧库房改造的"老码头",各式各样的休闲商业场所相继在上海诞生,开启了城市更新的新潮流。这种新潮流影响至全国,中国 31 个省(直辖市、自治区)的许多领导干部一批批来新天地参观学习,把整旧如"旧"的保护性开发历史文化建筑的新理念传播到 960 万平方公里的祖国大地,对全国各地城市建筑解决"千城一面"的雷同化问题带来新的思路理念,为中国的城市化健康地发展贡献了我们一份力量。国家文化部在 2004 年授予上海新天地"国家文化创意产业示范基地"荣誉称号。

许多人把新天地的成功狭隘地理解成旧建筑翻新,其实它给中国带来的是"城市更新"和"城市公共空间文化"的新理念。新天地的成功不是借助上海黄浦江的江景等稀缺资源来获取的,而是将全城多数人都不看好、认为应该抛弃的石库门老房子作为宝贵资源,唤醒了一座城市对自己重要历史文化遗产的珍视。国际组织"城市土地学会"在 2003 年颁发给新天地全球卓越大奖的评语是:创造性地保护了上海历史文化遗产,并由此带动了城市一片区域的经济发展。这片占地 52 公顷的石库门旧街坊区域,现在已成为上海市中心最有价值的集工作、生活、生态、文化、教育、娱乐为一体的城市中心社区。该区域还有三条地铁线和两个医院配套,成为名副其实的"钻石地段"。新天地只是这片区域的一个重要组成部分,它不是孤立存在的,所以它才可以持续发展,而不是轰轰烈烈一阵子就谢幕了。

最让我欣慰的是新天地经受了时间的考验,一直在被模仿,至今未被超越,且 20 年经久不衰,显示着它旺盛的生命力。2016 年美国《福布斯》杂志评全球 20 大文化地标,上海新天地名列其中。

新天地出现在刚刚迈入新世纪的 2001 年,有它的历史原因。这个原因与中共一大会址纪念馆有着渊源。新天地的地块位于中共一大会址前后两个石库门旧街坊,按照 1997 年上海市规划局批准的《太平桥旧区重建规划》,中共一大会址历史保护区范围内仅仅保留了这两个旧街坊一部分石库门老房子,用以营造历史风貌的环境气氛。1998 年,上海市委为了迎接 2001 年 7 月 1 日中共建党 80 周年庆,决定修缮一大会址并对历史保护区范围内的石库门老房子进行改造。

瑞安作为"太平桥旧区重建"项目的开发商,遇到了令人头痛的难题。按照上海市文管委一些专家最初的建议,在完成这两个街坊原住民动迁后,拆除石库门老房子,原模原样复建石库门房子,作为商品房出售,由于建筑容积率只有 1.8 倍,老房子的原住民动迁以及拆与建的成本价远远超过上海当时新公寓房价的数倍。再说,21 世纪的上海市民由于生活方式的改变,开始崇尚"三房二厅"的新公寓,不再喜欢石库门住宅的空间格局,复原的石库门基本上没有市场价值。2001 年 7 月 1 日是中共建党 80 周年,这是个重要时间节点,我给公司管理层下了"死命令",这两个涉及一大会址周边历史风貌环境的石库门旧街坊改造工程,必须在 2001 年 6

月底前竣工，否则"大家都去跳黄浦江"。后墙不倒，时间有限，问题的关键在于用什么方式去改造，上海市文管会的建议方案行不通，我们必须拿出可行的新思路。创新常常是逼出来的。有一天，我头脑里一个火花闪过，欧美国家许多城市的老城区，当地人在具有历史风貌的老街上开设酒吧、咖啡馆，非常受欢迎，当时上海还没有这样的地方，这两个石库门街坊可不可以建成一个反映上海历史文化风貌的休闲商业区呢？而不是延用石库门原先的居住功能，这是创造石库门的新历史。这一大胆的设想让许多人存疑，恰逢1997年亚洲金融危机，没有一家银行愿意贷款给我们，公司董事会也反对，但我决心不变，周围的人说，这个老板"疯"了！一个疯狂的想法创造出了意想不到的效果。一个原本难以逾越的障碍，反倒成就了瑞安，创造出"上海新天地"，成为上海的时尚地标，城市的新名片。

这个项目最初立项时曾一度起名"'一大'历史风貌保护工程"，后来瑞安拿出了对旧石库门街坊整旧如"旧"，赋予商业功能的创意方案，卢湾区政府和瑞安公司均感到一个商业开发项目使用"一大"的名称，不合适。我和我的团队同事反复推敲，巧妙地运用了中国的拆字法，把"一"加在"大"的头上为"天"字，"天"对应"地"，项目在20世纪末开工，新世纪初竣工，跨越世纪乃"新"，"新天地"这个大气磅礴的名称诞生了。

2001年中共建党80周年庆前夕，时任国家领导人6月12日在上海市党委领导陪同下瞻仰中共一大会址后，视察一大会址周边城区新变化，在毗邻党史纪念馆的太平桥人工湖公园观景台，市委、市政府特别安排我向中央首长汇报中共一大会址前后两个石库门旧街坊改造过程以及拆旧房建设人工湖公园的创新做法，首长对我们创造性的旧区改造思路给予了高度评价。当天晚上，新天地和人工湖公园成为中央电视台和全国各大媒体的重大新闻。在同年10月20日召开的APEC（亚太经济合作组织）会议期间，多国元首光临新天地，俄罗斯总统普京还在新天地"壹号楼"举办家宴，通过国际媒体的传播，全世界知道中国的上海有个新天地。

明年7月1日将是中共建党100周年。百岁是大生日，作为党的诞生地一大会址将成为举世瞩目的焦点，今年夏季开工建设的中共一大会址纪念馆新馆也将在明年党的百岁生日庆前夕竣工面世,毗邻的上海新天地也将迎来它 20 岁生日。届时,庆典的热闹景象可期可盼。

思变创造未来。我国四十多年前开始的改革开放国策创造了今天世界第二大经济体的辉煌成就。改革就是改变自己,开放就是包容天下,中国在不断求变中走向伟大的民族复兴,上海将成为卓越的全球城市,对此我充满信心。

"不忘初心,方得始终"的下一句是"初心易得,始终难守"。守得住初心,决定了你能走多远。其实,城市的发展亦如此。上海当代 30 年的城市化已经进入追求城市品质的新阶段,这正是新天地出发的初衷。1997 年我在上海市市长国际企业家咨询会上建议:上海必须创造一个有良好品质的城市聚会地点,营造一个最有创造力、最有活力、最具娱乐性的环境,这个聚会点不仅汇聚国内的精英,而且还有来自世界各地的人才。当时许多与会者听过就过去了,未曾料想我在四年后会从建议到实践,造出轰动中外的上海新天地。新天地在 20 年前出发时,上海的城市化正处在"大拆大建"的建筑标准化和扩张期,地产开发商们普遍对于"城市历史文化遗产是城市品质的源泉"这一认知度很有限,甚至有意无意地为了赚钱而毁坏城市历史文化遗产,但在我国各地城市建筑雷同化而缺少个性的教训面前,各地都开始从理性和智慧的高度重新认知"城市品质"的概念,重视恢复各自城市历史文化地位,重塑城市文脉,包括建筑风格、城市天际线、水系布局、道路风情以及多重交通方式融合水平。在我到过的中国许多城市,都能看到反映那个城市历史风貌的老街,完全可以与欧美发达国家媲美。

新天地在 20 年后也将重新出发,不忘初心,再创辉煌,在上海追求城市品质的新阶段做出我们应有的贡献。

对历史看多远,对未来就能看多远。《新天地 非常道》一书写的是新天地创立的历史,广受好评的真正原因是这本书写了作者对上海城市历史文化和未来发展的前瞻性看法。2015 年出版后,成为复旦大学、上海交通大学、同济大学举办"中国城市化干部培训班"、"文化创意培训班"的教材,因其实用性而广受政府干部和企业管理者的欢迎。这本书已被上海图书馆收藏,也进入了上海市委办公厅的内部图书馆，在当当网、亚马逊等购书网上均有销售，是一本既在专业人士中有好评，也为普通市民喜闻乐见的通俗书籍，该书已加印两次，这次再版作为新天地创立20周年之纪念，也是我们为庆祝中共建党100周年献上的一份贺礼。

瑞安集团董事长

二〇二〇年十二月三十日

原版前言

"新天地"，上海的新地标，上海的城市名片，一个历史建筑空间承载当代文明的成功案例。

从北美到欧洲，从亚洲到大洋洲，几乎全世界都知道上海有个新天地。在中国，天南地北，沿海内陆，各地都在模仿新天地，在香港、台湾地区也早已广为人知。

新天地为何受到国内外如此多的赞扬？

需要放眼当下的世界才能找到答案。美国和欧洲在19、20世纪城市化中建起的高楼已经迈入老年期，一些城市的中心城区出现衰退和空心化。美国一些建筑专家提出，21世纪的城市发展方向是城市再生，要激活20世纪的文化遗产；法国一些城市规划师倡导在"城市上建造城市"的发展思路。如何让历史建筑空间承载当代文明，是城市再生的重大课题。新天地在本质上属于中心城区老建筑再生的成功案例，撞进了这个世界性的大课题，且案例发生在城市化起步时间不长的中国，因此引起了欧美、日本等发达国家的好奇，亲自到过新天地的各国建筑专家和政府高官无不给予高度评价。在国内，从中央到各地的领导和专家一致认为新天地具有示范作用。

中国在21世纪初全面启动城市化，以惊人的速度追赶发达国家。站在上海高楼上环顾这座城市会让人吃惊，满眼的大厦高楼如同茂密的水泥森林，有身处纽约、东京和中国香港的错觉。老上海百年历史留下高楼不过百幢，今日上海短短20年，新建高楼超过万幢，是老上海的100倍，但是今天能代表上海的还是老上海的那些大楼，它们留下的石块青砖、铁门木窗蕴藏着创业创新的精神。有趣的是，许多外国游客走进排列有序、四通八达的石库门弄堂，都说这才是真正的上海，因为它是世界上独一无二的。

中国的城市化正面临"千城一面"的同质化问题,上海的万幢高楼与日本东京、美国纽约的差异很小。也许,现在上海最有文化可识别性、最具生命力的建筑是城市文化遗产的那部分,如此看来,新天地为何有这样的魅力就不言自明了。

上海历史上的石库门是将中华文化与西方文化融会贯通后的再创作,有其独特性和唯一性,因而更具世界性。石库门曾在20世纪20年代走向巅峰时期,它的衰退始于30年代末的日本昭和军阀入侵上海,随着上海失去亚洲金融中心地位而一蹶不振,日薄西山似的慢慢滑坡走了六十余年,终于在20世纪90年代开始的上海城市更新中走进博物馆,其里弄建筑营造技艺也成为了国家级非物质文化遗产。

20世纪末,石库门一直被上海人视为阻碍城市现代化的旧包袱,欲弃之图新,年轻人都盼着早点搬离石库门住进新公寓。在这种愿景和心情驱使下,便产生了城市早期"旧改"大拆大建的举动,上上下下一起使劲,把石库门送进了"坟墓"。新天地让石库门再生令上海人很惊诧,看着那些原本衰败落后、拥挤不堪的旧街坊摇身一变,成为一家又一家时尚餐饮、购物的新空间,成为城市新地标;看着新天地周边的住宅不断升值,成为中心城区房价的风向标,上海人彻底改变了对旧石库门的偏见,甚至年轻人结婚拍婚纱照,也以石库门弄堂为背景而时髦。

中国政府对新天地的成功进行了各种表彰,命名它为"国家文化创意产业示范基地",国际城市土地学会等世界行业协会、学术机构也为新天地颁发了"文化遗产创意"奖。

新天地的成功有运气成分又不完全凭运气,它经历了风险和艰辛。20世纪末,当上海人正以"敢教日月换新天"的豪情,成片推倒石库门旧房建新楼时,谁要说保留石库门,就意味着站到了社会潮流的对立面,与绝大多数人的向往唱对台戏,可谓逆潮流而动。瑞安公司作为一家在沪投资的香港企业要做新天地,还真是需要有一点胆量和勇气的。当这座城市的有些当政者、许多市民不理解、不认同改造石库门的新做法时，社会舆论的唾沫可以淹死你，当政者完全有理由不让你继续做下去。人言可畏呀！

我是 1999 年 1 月加入新天地开发团队的，我的角色就是这家香港公司与上海政府、新闻媒体和广大市民沟通的桥梁，尽量减少这个新事物在发展中的摩擦和阻力，并一路见证和参与了新天地建设的全过程，有机会亲身观察并思索新天地成功背后的奥妙。

如果说浦东开发开放拉开了上海城市建设的大幕，新天地则是上海城市更新进入了一个新阶段的里程碑。同济大学建筑系主任常青先生有很特别的评价：若谈上海当代的城市更新，新天地是绕不过去的，它是一个标志。但新天地是绝版，别人学不了！他的话讲得有点绝对，但不无道理。事实上，新天地建成十多年来，一直在被模仿，但从未被超越，它的成功之道像一个谜团。

也许，没有谜的历史是索然无味的，这就是新天地的魅力所在。

在创立之初，谁也说不清楚新天地应该是什么样子，因为谁也没见过。它是一个梦，一个理想，有些人信，有些人不信。

说不清楚的才是创新，说得清楚的是复制。

"道可道，非常道"，这是中国古代哲学家老子《道德经》的开篇名言。凡是可以言说的道，就不是永恒的道。永恒的道是绝对真理，是无数相对真理之总和。"无数"是个可望而不可即的数，你可以不断地接近它，却永远够不着它。当年说不清楚的新天地，13 年后的今天，一些规律性的东西可以说清楚了。

新天地总设计师本杰明·伍德有一段评语十分深刻，入木三分。他说，许多人认为新天地的成功就是旧建筑翻新，这是一个肤浅的理解。其实新天地不仅是些老房子，它是中国当代文化的代表，而不是旧文化。旧文化正在死亡，上海是在开创自己的新文化，而非引进西方精神。我发现现在许多地方都在试图复制新天地，我担心其中大部分会失败。

伍德先生这番话是2001年说的。当时听着觉得很新鲜、很抽象，我不理解何为新文化，旧文化又是指什么。13年过去了，随着上海城市文明的变迁，在经验与教训的对比中，我慢慢悟出了新、旧文化之间的区别：

——对待城市历史（包括老建筑、文化习惯等），是有传承、有发展的"接着说"，还是一切推倒的"重新说"，是新文化与旧文化的分界线。

——造房建楼是打开空间、文化跨界，还是自我封闭筑堡垒，是新文化与旧文化的分界线。

——思维方式是顾及他人还是只顾自己，是新文化与旧文化的分界线。在工业化、城市化过程中，"顾及他人"即是顾及历史、顾及未来、顾及环境、顾及子孙后代；"只顾自己"即是只顾眼前利益，追求利润最大化，破坏环境，殃及子孙后代。

——休闲时尚背后的新文化是把握追求利益最大化与环境伤害最小化的平衡，把握城市快节奏与慢生活的平衡，把握奋斗与健康的平衡。

这本书写的是新天地的创建历史，也是叙说我对新文化的感悟。

感悟新文化是一次城市文明的发现之旅（文化与文明不是同一个概念）。用发现的眼睛"看见"市民的思维习惯与行为方式,竟然与城市建筑空间有很大关系,包括传统习惯和近十多年形成的新习惯;城市街道尺度大小,竟然与城市创新力有着微妙的关系。甚至能"看见"旧城市改造的运行规律:从"合"走向"分"再从"分"走向"合"的否定之否定的过程,一条螺旋状的曲线。

城市空间与城市文化,是看得见的"存在"与看不见的"虚无"。按照老子《道德经》的说法,从永恒的虚无中,去观照道的奥妙;从永恒的存在中,去观照道的运行,有与无,是洞察宇宙一切奥妙的门径。在认知过程中,对"道"的每一个小小发现都让我激动不已,因此,我给这本书取名为《新天地·非常道》。

我试图写出我所认知的新天地,这也是近年来一些文化创意产业圈朋友的期待。我不是建筑师也非经济学家,本书仅仅是一名亲历者的观察和思考。也许讲得不全对,甚至会有错误,相信时间是最好的判官。

周永平

2014 年 10 月 1 日

目录

走走看看新天地

去看新天地，需要一双发现的眼睛，看见不等于发现。

去看新天地，需要静下心，一颗浮躁的心是什么也看不见的。

去看新天地，需要看细节，丰富的文化内涵都藏在细节中，

细节是事物的精华和高度。

看不见细节的人，事实上什么也没看见。

新天地入口处

新天地北里入口

黄陂南路 South Huang Pi Road

兴业路 Xing Ye Road

太仓路 Tai Cang Road

新天地南里

马当路 Ma Dang Road

星巴克露天咖啡座

"新天地"是上海独有的石库门弄堂改造而成的休闲文化街区。它是位于淮海路商业街南侧的两个石库门街坊,靠北的街坊称"北里",靠南的街坊称"南里",一条商业步行街串起了北里和南里。它占地3万平方米,商业面积6万平方米,每年去新天地游览的中外游客、本地居民达1500万人次。

上海新天地,占地不大名气大。但是,许多中外游客常常站在新天地北里入口处,还在问路:"哪里是新天地?"

中国旅游景区都有明显的识别标识:高高的牌楼,名人题字的景区名称,高墙或铁栅围合,收费检票……新天地却没有这些旅游景区识别标识,不是遗漏,而是创意,采用的是文化气氛过渡的设计理念,表达了一种新的城市设计思想。

中国文化与欧洲文化对于功能区分隔的方式有很大差异,中国文化喜欢用围墙、栅栏作为不同功能区分界,欧洲文化更多采用各功能区跨界融合,有意识地"模糊"不同功能区的边界,方便人们穿越各功能区进行沟通交流,新天地就是在传递一种文化跨界的新思想。

新天地不是没有文化标识,它的入口处是一片开放式的广场,广场上有三十来张露天咖啡座,座位上方撑着一把把欧式风情的落地伞,经常坐满了金发碧眼、黑发黄肤的各国人,他们喝着"星巴克"咖啡,或聊天,或欣赏人来车往的街景。

新天地的入口处没有竖牌楼，筑围墙，贴着马路建房；而是往后退，空出地皮，做了一个开放式广场，让人们坐在露天休闲椅上喝咖啡，晒太阳，聊天，发呆，看街景。

     不张扬，不做作，平淡中透出设计的奇思妙想：石库门弄堂口过去是卖早点的集中地，卖的是豆浆、大饼、油条；新天地把石库门弄堂口与出售面包、蛋糕的咖啡馆重新组合，马上变得很有趣：石库门弄堂是上海的文化记忆，而露天咖啡座令上海人感到很新鲜；咖啡座是欧美人的文化记忆，而石库门弄堂让欧美游客感到很新鲜。于是，新天地的入口处，让西方游客和东方游客都有了一种新鲜感，也保留着原先的亲切感。

     新天地"新"在哪？——旧元素，新关系。仍旧是石库门，但没有门，没有围墙，一个永远开着门的街区，一张总是在微笑的脸。

　　青石板铺地的步行街贯穿在石库门建筑群,有点像人们记忆中的弄堂又不太像,说它是商业街又窄了许多,相当人性化,是印象中没有见过的商业街,让人耳目一新。它不是简单的购物中心,而是充满着生活情趣,你不仅可以买到国际著名品牌新品,也可以吃到法国大餐、德国小吃,还可以进入艺术家工作室购买艺术品。那是一种非常美妙的体验之旅。

　　依旧是清水砖墙,乌漆大门,悠长弄堂,但原先老房子的拥挤、嘈杂,已被优雅的音乐和时尚的人群所取代。人们或去酒吧感受摇滚乐的激情,或在露天茶座小憩,

新天地入口处的水池加强了广场的文化气氛。喷水池是欧洲街心广场的文化元素，新天地因场地局限而做成平面流水池。缓缓流淌的清水营造了慢节奏的氛围，让步履匆匆的都市人不由自主地放慢脚步，放松心情。慢一点，再慢一点，先喝杯茶，静静心，再去忙下一件事。

享受穿堂风的惬意。上海市民在新天地不断找到自己的文化记忆，就像找回自己的初恋一样，无法重来，唯有好好珍惜。

新天地是上海人怀旧的好去处，怀旧就是从旧事物里重新发现它的美。新天地一条又一条的弄堂，就像一层套一层的礼品盒，打开外面的盒子，里面还有一层盒子，绕过一段青砖墙，你能够看到不同的东西，这是非常有趣、有吸引力的。

年轻一代的上海人赞美道：阿拉姆妈老早就住在弄堂里，我哪能没发现它介（沪语，那么）好看！

西方游客也在新天地里面发现了他们的传统文化，觉得这些老房子有着英国伦敦联排屋的影子，却在似与不似之间。更吸引他们眼球的是老房子的历史空间承载起不同国家的餐饮、服饰设计等当代生活，这让西方人暗暗吃惊。这种老房子的利用方式与欧洲的城市发展方式相当接近，上海的城市进步速度让人感到惊奇。好奇心令西方游客有了细细品味的欲望，身不由己地坐下来喝杯咖啡，或者来杯啤酒，随处可见的露天茶座就来了生意。

1840年鸦片战争之后，英、法等国的建筑相继在上海出现，与中国的传统建筑交汇，使中华古国千年不变的居民建筑发生了蜕变。上海最早的石库门建于1870年前后，出现在英租界的外滩附近。这种居民建筑外观借鉴了欧洲建筑的多幢联排式，在一条纵轴上呈行列式一排一排依次展开，划分为主弄堂、支弄堂，成为中西文化合璧的里弄建筑。

新天地保持了里弄肌理，清水砖墙，瓦片屋顶，弄堂纵横，与南京路休闲商业街的大楼建筑形成了视觉反差。差异不仅仅是建筑，还有地面道路，这是常常被人忽视的重要细节。国内一些商业休闲街的路面喜好铺设光滑如镜的石材，几乎千篇一律；新天地却采用了摩擦系数较高的青石板、旧青砖，反映了建筑设计师对休闲概念不同的理解和文化思考。

城市地面是承载城市文化的"容器"底部，用什么材料铺设路面反映了一座城市对生活节奏的向往和把握。上海早期的石库门弄堂和城市街道大多是铺设一块块方石，拼接成路，上海方言称之为"弹格路"，现在仍可以从世界名城巴黎的香榭丽舍大道、捷克的布拉格城区道路找回上海当年弹格路的影子。弹格路具有适度的摩擦系数，承载着适度的城市生活节奏，不快也不慢。弹格路最大的优势还在于地面的透气性。城市地面如同人的皮肤，具有呼吸功能，弹格路的石缝很像皮肤的纹理，雨水顺着石缝渗进土壤，涵养地下水，成为城市第二水源。国内一些城市的地面道路采用混凝土路面和沥青马路，地面透气性差，雨水难以渗进土壤，雨水被当作污水排入地下管道。制作工艺简便的混凝土或沥青路面反映了中国城市化求快的心态。当求快心态从偏好走向偏激时，便是采用光滑如镜的厅堂石材铺到商业区的步行街上，这种石材表面光鲜但不防滑，奢华炫富却不实用，雨天令人举步维艰，神经紧张，生怕摔跤，尤其是老年人。

休闲文化使城市节奏放慢,舒缓都市人浮躁、焦虑的情绪。新天地采用摩擦系数适度的青石板、旧青砖作为铺路材料,传递出一个信号:适度的城市节奏是保持一颗平常心。城市与城市之间的竞争,最终比的是心态,不在技巧层面,平常心是国际大都市的心态。

上海若把生态城市作为未来的发展目标,弹格路有可能"回家",成为铺路的新材料,还可能与高科技的雨水收集过滤器结合,让大自然恩赐的雨水成为城市第二水源,也有利于改善中心城区的"热岛效应",街道不再是烈日下的阳光反射板。

城市的文化建设并非多建几个剧场电影院那么简单,也不是多建几个地标性建筑,而是需要对城市空间进行文化思考、哲学介入,建筑与路面是很重要的方面,城市生活需要艺术化,市民需要人文关怀,文化建设要接地气。

大自然的阴晴圆缺、春夏秋冬带给了人们无穷的变幻之美,而且永无止境,但被当下忙碌奔波的都市人忘却了。一个出色的建筑设计师不仅会造房子,还会引入光、影、风、雨这些自然现象,运用于他的建筑设计,如同杰出军事家的指挥艺术,山川草木,信手拈来都是兵。建筑在昼、夜、阴、晴的不同时间、不同天气中产生戏剧性变幻,可以给人们生活带来情趣,也促使人们重新认识大自然的意义。

(左图)步行街是从原先的石库门老房子中掏空出来的,无中生有的,它就不像街道或弄堂那样笔直,而是时宽时窄,腾出的空间正好安排露天咖啡座、茶座,东一片、西一簇地很有趣,形成一个个港湾式的休闲生活空间。

(右图)新天地的总体规划仍按主弄堂、支弄堂的空间结构布局,步行街承担主弄堂的角色,地面铺设的是青石板(菠萝面青石板和剁斧面青石板搭配);与主弄堂相交的支弄堂则是旧青砖铺地,两种地面材质和颜色上的差异,形成主、支弄堂在视觉上的识别性。

建筑也是一种媒介，使人感受到大自然的存在，由此产生敬畏之心。

沿着步行街越往里走，浓浓的咖啡香、刚出炉的面包香扑鼻而来，还有随风而至的舞曲音乐，如梦如幻。气味、气氛、声音、色彩是新天地的文化识别个性，与淮海路、南京路商业街形成了文化差异。

但最大的不同是新天地里走动的人！他们是新天地文化识别性的重要组成部分。常来新天地的消费者是率先进入简约生活状态的群体。简约生活是走过奢华的简单，是富之后的贵，好似知识渊博的人，开始是书越读越"厚"，之后越读越"薄"。刚有钱的人往往喜欢追求豪宅、私家车、奢侈品，吃什么、穿什么、住在哪、开什么车都是给别人看的，生怕人家不知道自己有钱了，内心深处还是有点自卑。拥有奢华之后的下一步，会去简化自己的生活，明白了"大"不见得就好，"多"不见得就是富有的道理，唯有简单自在，生活才成为一种享受。他们不再需要通过外表显赫去证明给别人看，服装的品牌是适合自己个性和身份的，饮食是适合自己体质的，经常关掉电视和电脑，给心灵留点时间，不做奢华程序的奴隶，优雅的举止和谈吐证明了内心强大和精神富有。这是一个人从简单生活出发，走过奢华又回归更高层次的简单。

城市建筑演变的轮回现象是缘于人们思维文化和生活方式的回归。

上海的石库门里弄。

新天地的石板路有一个有趣的文化构思，采用一块光面石板和一块毛面石板混搭铺设，让路面在晴天和雨天形成不同的光影反射。

英国伦敦联排屋。

石库门里弄的主弄堂。

布拉格的弹格路。

第二看点

"T"形街

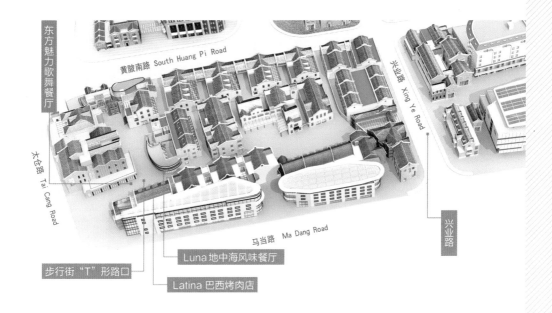

东方魅力歌舞餐厅

黄陂南路 South Huang Pi Road

兴业路 Xing Ye Road

太仓路 Tai Cang Road

马当路 Ma Dang Road

兴业路

步行街 "T" 形路口

Luna 地中海风味餐厅

Latina 巴西烤肉店

　　走到新天地第一个街口，出现了岔道，街道呈"T"字形。打开新天地的第二层"盒子"，首先映入眼帘的是一个玻璃亭似的新建筑，里面开了一家地中海风味的 Luna 餐馆。在一片再生的老房子中间植入一个现代建筑，使老弄堂有了新的变化。早年的石库门弄堂可能有五六种建筑元素，现在就增加到八九种元素，成为石库门建筑的新发展。当我们阅读上海里弄演变的时候，可以看到它最原始的部分，又可以看到新发展的部分。

　　玻璃亭新建筑在老房子中间并不突兀，仿佛几位老人用爱抚的目光看着一个英俊的后生。新老建筑共存一处，可以在对比中衬托出老建筑的历史感；新老建筑有层次的表达，展示城市历史演变的进程。

　　开发商对石库门外表不是整旧如新，而是整旧如"旧"。如"旧"不是原封不动，而是找回历史的原点。首先在老房子的外墙上抹去现代社会的痕迹，诸如空调室外机、广告招牌、电缆电线、晾衣铁架，然后用高压水枪清洗外墙，洗去尘埃，现出本色。

玻璃亭新建筑与周边的石库门老房子相比，是两代人的关系。新建筑本来有机会建个八层十层高，追求建筑容积率赚取商业利润，但开发商从城市文化传承的角度作了设计，让新建筑比周边的老房子矮了一截，又去掉了屋瓦尖顶，好似在脱帽行礼，年轻人让老年人先走。

外墙的净化大大提升了老房子的文化品质。如同从爷爷的旧箱子里翻出来的铜器，擦去斑斑锈迹，置于丝绒布上，用顶灯那么一照，"废铜烂铁"顿时成了古董宝贝。当然，整旧如"旧"不仅仅彻底清理老房子被居民使用过程中所做的各种改动，还要对外墙进行注射加固剂和防潮剂的处理和修补。

　　人们看到的这几幢历史建筑，已分别成为美国的"星巴克"咖啡馆、巴西烤肉店、德国"宝莱纳"啤酒屋和香港地区"东方魅力"歌舞餐厅。老房子里面的每处地方，都有停下来细细端详的理由：坐下喝咖啡，咖啡虽是新磨的，但咖啡馆的环境穿越了时空，回到了从前，有几分熟悉的记忆；裸露的空调管道在旧屋顶上穿行，金属质

（左二图）老房子内部的改变令人吃惊，原先按照居民生活方式分割的一小间一小间的客厅、厢房、灶披间（厨房）、天井等狭窄的空间，被改造成经营场所的大空间，足以放上十几张大圆桌、扶手椅、甚至有表演舞台、三角钢琴。
（右图）改造前的老弄堂。

感表现着工业文明的时代特征；现代油画下静静转着的老唱片，回荡着老上海的声音；原木的桌椅有意让人看出有年代的纹路，给人悠然自得的木色木香。

问星巴克咖啡馆的主管为何天天生意那么火，是咖啡味道更纯正一些？主管摇摇头笑着说："No，我们不卖咖啡，卖的是美好时光和老上海的记忆。"本地市民和游客买上一杯卡布基诺咖啡，坐在这里就是看美女，打发时光，享受生活，享受阳光。你可以把咖啡买回家喝，带去办公室喝，但带不走的是这里的气氛和风景。

玻璃亭外貌的 Luna 餐馆，经营者反复强调他们的卖点是石库门弄堂风情，主管总爱领着顾客穿过店堂，去参观店内保存的石库门历史建筑。三扇足有 70 年历史的石库门门框和一截青砖墙，如同一棵老树的横截面，树的年轮便是老上海的文化记忆。其实 Luna 餐馆的这截青砖墙面更像舞台的场景，进进出出的人仿佛都在即兴表演。上海人在那个环境下用餐，思绪一下子回到了从前：清晨，外滩的海关钟声

（左图）Luna 餐厅卖的是地中海国家的乡村菜肴，内部场景却是上海石库门老弄堂。20 世纪的石库门弄堂，最热闹的是傍晚，居民摆出了自家的小餐桌、小板凳，主妇们端出刚炒好的热菜，老人们唤儿孙回来吃饭，弄堂里飘着诱人的饭菜香，洋溢着欢声笑语，像一场热热闹闹的派对。随着旧城区改造，石库门弄堂拆除，弄堂晚餐的场景成为一种城市记忆，被新天地拿来作为 Luna 餐厅的文化卖点，成为文化附加值。

（右图）石库门弄堂里老人在做晚饭。

悠远地传来，走出门洞的居民，手中的"道具"是马桶和煤炉，安静了一晚的弄堂开始热闹起来。接着登场的是菜贩子，挑着担子，"鸡毛菜哟小塘菜"一路吆喝着穿越弄堂，菜担子里的蔬菜是当天早上刚刚从地里摘下来的，碧绿水清，惹人生爱。家庭主妇或女佣带上小孩子，围着菜贩子讨价还价，有时隔壁邻居还会帮腔还价。

上班一族总是脚步匆匆，一手捏着大饼夹油条，一手拎包，边吃边走着去赶公共汽车，小商小贩开始出现在街头巷尾，"定胜糕，薄荷糕！""老虎脚爪，脆麻花！"各种叫卖声回荡在悠长的弄堂里，充满了生活气息。

中午时分的弄堂里有了暂时的清静，老人坐在家门口晒太阳，女人打着毛衣。下午三四点钟，弄堂又活跃起来，学校里的孩子们放学了，他们在弄堂里玩捉迷藏、打弹子、跳绳。这时，弄堂里的小贩又换了一批人，馄饨担子、酒酿圆子、炸臭豆腐的、磨剪刀的、修伞的和修皮鞋的；"栀子花——白兰花！"卖花姑娘叫卖声带着苏州吴语口音，清脆柔美；"修——阳伞，坏格套鞋修哦？"挑担汉子一口南腔北调又粗又长。小贩们各自有一套悠长的叫卖声调，吸引着主妇们走出家门，孩子们缠着母亲去挑选自己喜欢的食品玩具。

全剧的高潮在傍晚，那是一天中最热闹的时间，女人们忙着捅开炉里的煤饼生火炒菜烧饭，公用的厨房像戏台，你方讲罢我开场，张家长，李家短，锅碗瓢盆凑热闹。饭菜熟了，许多家庭会把餐桌放在弄堂里，此时的弄堂像个露天大餐厅。谁家的晚餐包菜肉馄饨，会多盛几碗分给楼上楼下的邻居，尝个新鲜；你可以走到邻居的桌边夹口菜，尝尝主人的烹饪手艺；有些邻居干脆把两家的餐桌一合并，不分彼此地来个弄堂大聚餐……石库门里的人们以独特的方式交流着邻里的亲情。

夜幕降临，路灯亮起，洒下黄色的光。若在夏夜，弄堂里满是纳凉的竹椅、睡榻、摇蒲扇的、闲聊的、打纸牌的……夜深了，弄堂渐渐安静下来，但这台戏并没有停顿下来，因为生活是从来不间断的。

弄堂剧的载体是石库门建筑。

建筑的生命在于使用价值，当时代前进，城市生活方式改变，石库门建筑已无法承载当代的生活方式，开始走向衰退没落。创新就是赋予老房子新的商业功能，老房子强烈的历史特征就是新天地的文化价值，一杯咖啡自然比淮海路上卖得贵一点。

上海的优秀近代建筑很多，有外滩的银行大厦，有衡山路的欧式别墅，有南京路、淮海路的商铺建筑，为何上海市民和中外游客、专家学者如此推崇石库门弄堂呢？上海许多优秀近代建筑是西方文化建筑的复制和临摹，唯有石库门弄堂是东、西方建筑文化融会贯通后的再创作，有其独特性、唯一性，因而更具国际性，被全世界公认为上海的建筑特色，城市文化的独特性。虽然，石库门弄堂已不再适合当代人的生活方式，但这种民居建筑的创新精神是永存的。

人们对石库门弄堂的推崇是对创新精神的尊重。

雕塑喷泉广场

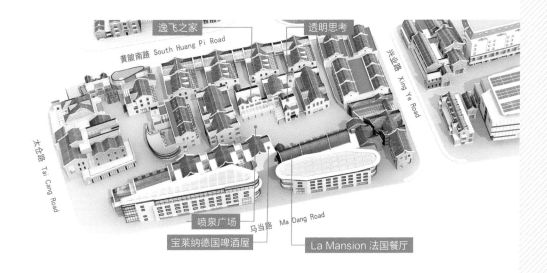

逸飞之家　透明思考
黄陂南路 South Huang Pi Road　　兴业路 Xing Ye Road
太仓路 Tai Cang Road
喷泉广场
宝莱纳德国啤酒屋　马当路 Ma Dang Road
La Mansion 法国餐厅

　　沿着新天地步行街往前走, 出现了一个喷泉广场, 仿佛打开了第三层"盒子"。站在广场上环顾四周, 皆为石库门房子, 但不雷同, 从查阅到的历史档案看, 这些老房子出自不同的开发商和建筑设计师。它们都姓石库门, 但有差异, 如同一母所生的孩子, 虽说是兄弟姐妹, 但模样、个性不同。它们之间不争主角, 还会互相帮衬, 当人们注意到一幢老建筑时, 它会马上把你的视线引向旁边的建筑, 它们互相介绍, 有了一种很亲切的"一家人"的感觉, 而不是像近些年新建的大楼, 每幢新楼都在强调自己的重要, 希望人们始终注意它。当每幢建筑都强调自己之时, 就失去了一个街区甚至一座城市整体协调的美, 如同一支互不配合的交响乐队, 每件乐器都强调自己, 结果反而失去了自己。

　　城市建筑表达出互相照应的城市文化, 反映了工业生产方式必须具备的合作精神, 而一味强调自我、唯我独尊的城市建筑, 表达的是"各扫门前雪"的农耕文化和腐朽的皇权思想。

　　喷泉广场具备了让人们停下脚步逗留的空间, 也使室外休闲活动不受马路交通

（左二图）新天地北里的喷泉广场是拆了几幢老房子掏空而成的。这种内向性的空间设计，是为了把人的活动向街坊内部小广场聚拢，形成了"城市客厅"的场景，与上海线状商业街的生活场景形成了差异。
（右二图）新天地里的宽弄堂和窄弄堂。

"福""禄""寿"雕塑喷泉广场。

干扰和汽车尾气的侵袭。设计师别出心裁地为喷泉广场保留了三条宽窄各异的弄堂，宽弄堂宽得可开车，窄弄堂窄得容不下两人并排走。三条宽窄巷与步行街为广场提供多个出入口，为聚散人流创造条件。内部小广场与宽窄弄堂的组合，与法国巴黎的街心广场和广场四周的放射性道路有异曲同工之妙。

广场上的"福""禄""寿"雕塑成为吸引中外游客眼球的焦点，他们纷纷驻足拍照留念。"福""禄""寿"属于中国民俗文化，与欧洲广场文化结合在一起，让人觉得大俗中见了大雅。

广场最初落成时并没有雕塑喷泉，是个无名广场。广场东面的一幢楼被艺术家陈逸飞租下开设了"逸飞之家"艺术品商店，逸飞先生的气场很大，消费者们硬是把无名广场喊成了"逸飞广场"。

新天地落成的十年历史证明，"逸飞广场"的称呼比雕塑喷泉广场更有历史文化价值，并不因为那里曾经走来过一位中国大视觉文化的开创者，而在于小广场集聚起新潮的"自工业化"小生产企业，陈逸飞是这些企业的代表和象征，在上海具有里程碑的意义。

人类社会进入 2000 年既是百年交替，也是千年跨越，西方又一次走在东方世界的前面，欧洲掀起了第三次工业浪潮。这场以数码化制造为核心的产业革命，颠覆了前工业时代的大生产方式，进入自工业化的小生产阶段，高科技的 3D 打印技术是这种生产方式的杰出代表，这是人类生产方式一次新的否定之否定。"逸飞广场"集聚起了几家新型小生产性质的文化创意产业公司，它们是逸飞之家、透明思考、上海本色、Xavier 设计师品牌店等。

我们先来看看"逸飞之家"品牌店。"逸飞之家"的门店分上下两层，底层出售他的油画作品、艺术品、日常生活用品，二楼是服装和装饰品。摆放在货架上的花瓶、果盆、茶具、碗碟，造型优美秀气，每件物品都可以找到陈逸飞艺术元素。但一些消费者对"逸飞之家"把艺术品与日常生活用品混在一起卖难以理解，难怪有人说，"大艺术家也经营小商品了，陈逸飞现在是艺术家还是商人？"

文化创意产业中有听觉产业、视觉产业、触觉产业，iPhone、iPod touch、iPad 平

"逸飞之家"二楼卖的是服装、油画和日用品。

板电脑就属于听觉、视觉、触觉相结合的文化创意产业。陈逸飞倡导的大视觉文化是视觉产业,凭借大视觉文化的新概念,他在绘画、工业设计、城市设计、IT产业和服装业均有很多建树。

"逸飞之家"既是陈逸飞先生推销文化创意产品的商店,也是他推广"大视觉文化"产业新概念的窗口,他的制作工厂就在距离新天地不远的"田子坊"弄堂,这类"前店后厂"的经营方式仿佛有了农耕时代手工作坊的特征,这恰恰是一种更高层次的轮回。陈逸飞是东方自工业小生产方式的先驱者之一,以他的名字来命名这个小广场是很贴切的。

社会化大生产的特点是生产规模化,生产与生活分区而设,生产与消费分离,生产决定消费;自工业化小生产的特点是生产定制化,生产与生活区合理混合,边生

（左上图）"透明思考"底楼的琉璃吧台，是由上千块小方形琉璃砖镶拼而成，占据底楼差不多三分之一的空间，它是室内唯一被照亮的区域，犹如一幅油画的亮点。

（左下图）通体透亮的琉璃吧台映照出顾客坐台喝酒的剪影。

（右上图）"透明思考"二楼餐厅的穹顶上，镶嵌着几千块圆形的七彩琉璃，赤橙黄绿青蓝紫，在电脑技术控制下，化为漫天变幻的光影。

（右下左图）"透明思考"的厕所空间也充满创意设计，女厕的洗手盆是朵红色的琉璃荷花，涓涓细水从花托中流出。

（右下右图）男厕的洗手盆则是荷叶，墨绿色的琉璃荷叶上有低垂的莲蓬。厕所间的空气中弥漫着河岸原野的清香，用厕、洗手不再是匆匆忙忙的过程，成为一种中国文化的体验。

产边消费，消费决定生产，消费者可以转化为投资者、生产者。我们只要稍稍留心一下从事文化创意产业的创业创新者，他们首先是热爱生活、懂得生活的消费者，这些生产者大多数来自艺术家、时尚设计师、文化人，他们的生产、销售方式简直就是时尚圈里的人向圈外的追随者们推荐流行色、新款式、新口味，卖的是眼光，卖的是生活方式。

"透明思考"餐厅也是上海文化创意产业的杰出代表，它是"逸飞之家"店铺的隔壁邻居。"透明思考"餐厅在广场的南面，是一座可以走进去看、坐下来喝酒品茶的童话世界。把新茶、美食、佳酿与琉璃艺术组合在一起是不一样的玩法，琉璃工艺美术品跳出了橱窗展示的传统概念进入百姓的日常生活，它们追逐市场需求，市场需要什么，文化创意就向哪里延伸。

走进"透明思考"餐厅如同进入水晶宫殿，让人目瞪口呆。房屋的穹顶、地面的兰花水池、餐桌座椅、窗棂砌体和洗手间的水盆，皆镶嵌琉璃，彰显着水晶的炫目之光。人们被这宫殿的瑰丽所震撼，心灵颤动之下不由放慢脚步，压低嗓音，如同走进佛堂神殿，不敢惊动众位神灵。

底楼酒吧的吧台，在第一时间给人视觉上的冲击力。酒吧本来是欧洲人的文化，熟悉的高脚凳成了大红灯笼的造型，木质的吧台变身为透明的琉璃，坐上中国"灯笼"，身依欧洲吧台，用法国红酒与中国茅台干杯，这是不一样的感觉，这是大胆的文化跨界。

二楼音乐餐厅的走道好似时光隧道，越往里走光线越暗，仿佛走进了一千年前盛唐的深宫，阳光被遮挡在巨大的屋檐之外，窗幔垂纱滤掉了大部分窗外的强光，一切都处在柔和的光影之下，显示着宁静和贵气。在多彩的光影之下，映入眼帘的尽是雕梁画栋、图腾立柱，一盏盏立灯，一个个回廊，一件件绚丽的器皿摆设，处处体现了中国文化的质感，展示中国设计的巨大魅力，令人叹为观止。

国内一些开餐馆的企业忍不住向"透明思考"的主管打听，这些桌椅摆设、杯碟碗筷哪里有卖？图腾立柱出自哪家装潢公司？"透明思考"的主管骄傲地回答说："所有的东西全是我们自己生产的。""透明思考"餐厅里从地面、墙面、穹顶装饰到桌上的碗筷杯碟以及灯具，没有一件是从市场上买来的，全部是自己生产的。他们有一家

"透明思考"的新民乐演奏。

工厂在上海闵行区，他们有强大的"自生产"能力。"透明思考"餐厅可以理解成"琉璃工房"工厂设在中心城区的产品橱窗，也是出售生活方式的窗口。2010年上海世博会期间，"透明思考"应邀进入世博园区，上海迪士尼乐园也与"琉璃工房"公司洽谈合作，这家"自工业"的企业正万丈光芒地辐射它的文化力量。

"透明思考"的菜肴也与众不同，大有海派文化的格调。它把上海菜、广东菜与法国菜、意大利菜的做法全部打乱，进行重新组合，赋予新的内涵和文化。其创意是推动中国的美食向好吃又好看的境界提升，把站在炒锅旁的厨子提升到艺术家的地位。在欧洲，大厨特别牛，个个认为自己是艺术家，烹调就是艺术创作，大厨常常被邀请到大堂、包厢与尊贵的客人见面、拍照留念。

在这样一个艺术宫殿中，在色彩变幻的穹顶之下，桌上摆着琉璃的餐具，一道道美食，一杯杯佳酿，在这个介于天上与人间的水晶世界，人们内心产生一种聆听天籁之音的期盼。每晚9时整，"透明思考"音乐专场的纱幕就开启了，这是来自中国的声音。他们把古老的苏州评弹和元末明初流传下来的昆曲改造成新民乐。长期以来，评弹、昆曲已成为60岁以上老人的专利，优秀的民族文化渐渐成为文化遗产了，但经"透明思考"的艺术家、音乐人一摆弄，加入现代电子乐器，评弹、昆曲成为新的"中国声音"。音乐无国界，中国民乐让外国游客和本地年轻人听得如痴如醉，成为时尚音乐。

看、听、吃的文化产业创造者是一对来自台湾的文化人张毅、杨惠姗夫妇，张毅是台湾新锐导演，杨惠姗是多次获得"金马奖"的著名台湾电影演员。在长达千年历史的琉璃文化领域，他俩是后来者，又是两个不怕失败、永不认输的创业者。11年的创业，不仅花光他们当艺人时攒下的所有积蓄，卖掉了3幢房子，抵押了包括父母、哥姐的6幢房子，倾其家产，饱尝磨难，终于闯进了琉璃脱蜡铸造技术核心层。他们的琉璃作品"金佛手"在国际上引起了极大的轰动，最重要的是填补了中国自清朝末年以来将近百年的琉璃文化空白，把中国现代琉璃工艺与两千年前西汉时代之间的琉璃文化断层重新连接起来。

张毅、杨惠姗对中国琉璃文化做出的最大贡献是把琉璃文化向生活延伸，使其成为文化产业。他们最初的主观动机是"让中国琉璃向世界说话"，说话的方式不应该待在博物馆里隔着橱窗与人对话，而是要进入百姓的日常生活，透过一盏灯、一张桌子、一只茶杯、一双筷子，体现美学的延伸，成为生活的一部分，延伸到世界各国普通家庭的客厅、餐桌上。他们认为，提升中国人的生活品质，就是美学向生活的延伸，生活艺术化，艺术生活化。他们要为中国明天的生活品质做点事情，他们的琉璃工作坊开始渗入建筑业、家庭装饰业、生活用品等领域。他们不断超越自我，超越了国际同行，代表了亚洲"自工业化"文化创意产业的进步，这种原创性的文化创意产业谱写了一曲"中国制造"向"中国创造"演变的乐章。

如果说"透明思考"和"逸飞人家"是美学和创意向"吃"和"用"的延伸，那么广场北部的"上海本色"品牌店和"Xavier"服饰品牌店则是美学和创意向"穿"的延伸。"上海本色"和"Xavier"都卖服装服饰，但是它们不是传统意义上的裁缝，而是服装业的时尚设计。时尚设计属于创意产业，纽约在制造业衰退后，就是转型发展服装设计产业，崛起成为世界时尚设计之都，为全世界定制时尚。

美国、欧洲的"创意阶层组织"的创始人理查德·佛罗里达（Richard Florida）预言，创意时代的最大前景就是：有史以来，国家的经济竞争力第一次取决于人们的创新能力。理查德说，这一行业包括科技、艺术设计、娱乐媒体、法律、金融、管理、医疗保健和教育。

美国 1900 年创意产业的从业人员只占到所有就业人口的 5%，1950 年时上升到大约 10%，1980 年是 15%，2005 年达到 30%，意味着 2 亿人口的美国有近 7000 万人从事创意产业工作，他们创造了 2.1 万亿产出，相当于全美国所有工资收入的一半，并享有 70% 的可支配收入。这一数字让美国服务业相形见绌，服务业约占美国所有工资收入的 31% 和仅仅 17% 的可支配收入。据美国创意阶层组织分析，欧美发达国家中的创意产业大约占据工作总人数的 35% 到 45%。

理查德的研究表明，经济全球化时代的世界不是平的，全球化的潮流恰恰导致地区差异进一步拉大，选择不同的居住地，意味着完全不同的人生，理查德称之为"才能迁移"，能够吸引人才的区域称为"才能都市"，能把各种有才华的人聚在一起的地方，它的经济增长率将会加速。例如在美国，高端金融业集中在纽约，科技产业在加州"硅谷"，电影制作产业在洛杉矶……

新天地北里小小的广场，在 2000 年就集聚起了来自上海、香港、台湾创意阶层最顶尖的精英，它们是中国设计在石库门土壤中冒出来的一片新绿，它们的集聚效应是新天地迅速获得"一夜成功"的内在原因。

喷泉广场的西面全部是餐饮类租户，有"宝莱纳"德国啤酒屋、"乐美颂"法国文化餐厅、"维纳斯"意大利冰激凌店。这几家店的露天座位经常客满，尤其到了晚上，简直一座难求。这些门店皆是为"自工业化"产业配套的商业，配套商业门店赚的钱远远超过创意产业的门店，它们相互依存，谁也离不开谁，表达的是边生产边消费的新观念，引领生产方式、生活方式新时尚。

站在雕塑喷泉广场上，放眼远处的一幢幢摩天大楼，近观改造后的一排排石库门建筑，想起新天地的灵魂之语"昨天，明天，相会在今天"，内心不由暗暗发问：这些获得新生命的老房子,它们究竟代表昨天,还是代表明天呢?

摩天大楼无疑代表着今天。上海的昨天是租界当局用工业标准把弯弯曲曲的河流拉直成马路,建了近万个石库门平房;上海在新世纪的再城市化是用工业标准把平房向空中拉直成摩天大厦,高楼超过了一万幢。今天的食品、饮品都是大生产流水线的产品,一切均被工业标准化了,标准化正在消灭个性化,造成了中国的城市"千城一面",中国的商业街"千店一面",社会化大生产通过利润最大化,创造出巨大的物质财富,也在抹杀差异化。

千城一面、千店一面、雾霾危机、食品安全、互联网的网购网店对中国今天的城市化、工业化的思路和发展方式提出了严峻的挑战,逼迫中国的生产方式、生活方式转型发展。也许危机不是坏事,否则人们永远处在自我感觉良好的麻木状态。

由此破译了新天地的生命密码,是谁激活了这片石库门老房子?

是西方来的建筑设计师吗?不准确!产业衰而城市衰,产业兴而城市兴,石库门老宅因为"自工业化"的新产业注入而复活了。

当然,新天地的建筑设计师团队的重要作用是毋庸置疑的,不是所有的建筑师都能理解后工业时代的小生产方式和建筑形式,并达到如此的深刻程度,伍德先生是当代建筑设计师中的佼佼者。

是否可以得到这样一个看法,乃至结论:所谓的时尚地标新天地,其时代意义是上海的生产方式转型发展的标志!改造后的石库门是用事实在证明,历史建筑空间完全可以承载新潮的新型产业,也可以承载当代的时尚生活。

那些刚刚萌芽的新型产业已经活跃在新天地、田子坊、八号桥、莫干山路 50 号以及上海几百个文化创意产业园区。当下,上海仍处在工业化大生产的历史阶段,大环境并不利于自工业化小生产的生存发展,所以要设立一片片苗圃化的"园区"来培植这些新兴产业。一些文化创意产业园区的经营者们并未认识到自己正在从事一项伟大的事业,而把它片面理解成一种"主题地产"项目,在"房地产思维"的驱动下,稍有名气就冲动地大涨租金,扼杀了初创期的文化创意产业。其实,这种做法无疑在自掘坟墓,创意产业赶走了,只剩下餐厅茶馆,文化品质大大下降,园区就会慢慢枯萎,只是时间早晚而已。

　　"上海本色"店的外墙广告和商店内景。台湾文化人郭承丰、王小虎夫妇开设的"上海本色"服饰店，坐落在喷泉广场北面的石库门老房子里，卖的是他们亲手设计的女人围巾、挎包、衣服和饰品。上海20世纪20年代的月历牌、旗袍、交谊舞等"海上旧梦"的文化元素，经他们的手就成了当今的时尚。会跳舞的旗袍与七彩鹦鹉是"上海本色"的店招标识。

　　澳大利亚服装设计师安东尼的"Xavier"品牌店也开设在老房子里，店内弥漫着张扬的个性，衣服均是独一无二的单件，穿着上街绝对不会"撞衫"。"Xavier"设计师品牌店在上海各国领事馆的女人圈里名气很大，领事夫人们经常光顾安东尼的店里买衣服。该店的广告语很特别：Proudly made in China（自豪于中国制造）。10年之后，新天地附近的几条小马路上集聚起一大批中国服装设计师品牌店，他们都是步安东尼先生的后尘。

打包站遗迹与屋里厢

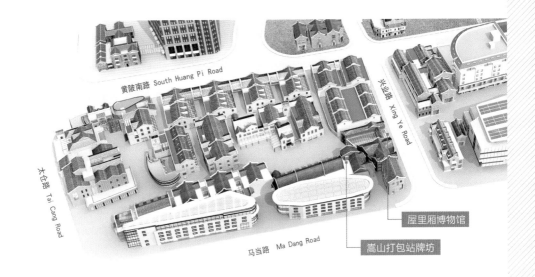

黄陂南路 South Huang Pi Road

兴业路 Xing Ye Road

太仓路 Tai Cang Road

马当路 Ma Dang Road

屋里厢博物馆

嵩山打包站牌坊

　　喷泉广场往南的那段步行街最为开阔,但与淮海路、南京路商业街的宽度无法比拟。其最大差异是街道两旁多了不少露天座椅,街道的宽度让人感到亲切又舒适,人与人没有距离感,没有人车混杂缺乏安全感的压力。那里的咖啡馆、餐厅的店面不大,设施不豪华,桌椅和摆设甚至有点陈旧。空气里弥漫着咖啡豆的苦香,有一种生活化了的精致,一种缠绵的小资情调,一种地道的上海味道。走在青砖路面上,时不时让人产生一种错觉,仿佛来到欧洲某个拉丁味很浓的酒吧街,让人心存疑惑:我这是在上海还是在国外?

　　上海本地居民很容易在那里拾到自己遗失多年的记忆:这些店铺过去是他们家的客堂间、卧室、灶披间(厨房),依稀听见母亲唤儿回家吃饭的悠长声调,这一切仿佛就是昨天的事,于是便让人产生了一种与家近在咫尺的熟悉。

　　中国历史名城保护专家、同济大学教授阮仪三老先生二十来年一直在呼吁:石库门不能再拆!老弄堂要留下来,给城市留条回家的路!

　　城市回家之路是由不同的历史片段构成的,今天不是昨天故事的结束,而是

（左图、右图）"敦和里"牌坊在旧区改造中差点被拆除，救它的原因是牌坊石柱上的"遗迹"：嵩山打包托运站。这行字是城市历史的片段，是上海城市记忆刻在建筑上的印记。

延续，并延伸向未来。

中国的城市化把我们带入一个全新的时代，但不是铲平现状、完全重建的时代，恰恰应该是讲究保护的时代，城市的故事应该是"接着说"，而不是"重新说"！

保护并不意味着一成不变地保存过去的建筑形式，而是保护旧有的片段，并赋予它新的活力。

"敦和里"牌坊被保留下来的理由正是出自保护历史建筑文化元素的视角。

"敦和里"里弄在重新规划设计时，推倒了弄堂的外墙，弄堂不复存在，保留牌坊已无意义，留下它反而成为人流的障碍，但旧牌坊石柱上残留的白漆黑字遗迹"嵩山打包托运站"，引起了外国建筑师们的注意和兴趣，他们听完发生在上海 20 世纪

石库门的一方天井，是大门与内屋的过渡空间，也是安全感的心理空间。天井占地不大，可以上观日月，下接地气，也是洗衣、摘菜的场地。有些居民会利用这片方寸之地养花种草，增加生活情趣，自得其乐。

60 年代末 70 年代初的故事，决定保留这个旧牌坊。

今天，一些外国游客常常在"敦和里"旧牌坊前留影，但并不清楚这行文字背后的文化含义，中国年轻一代也未必明白。这一行字是中国教育之路一度走向极端的历史烙印。20 世纪六七十年代，一场"文化大革命"否定了考试择优录取的教育制度，大学生、中学生纷纷离开课堂，打起背包走向农村、山区，直接参加牛耕人种的农业生产实践，在广阔天地接受贫下中农再教育。"嵩山打包站"是铁路的托运行李中转站，为中心城区的下乡青年学生提供托运服务。20 世纪 80 年代，"文革"终结，改革开放起步，中国大学恢复了择优录取的招生制度，但短短的 20 年后，中国教育又滑向应试教育，出现学校"千人一面"的弊端。

"嵩山打包托运站"这行字正在暗淡下去，而城市上空的雾霾却在浓烈起来，一者为历史警钟在敲响，一者是现实警钟在敲响，中国娃娃们的"千人一面"与中国城市的"千城一面"不可再前。成功者往往赢在转折点！

当我们看不清转折点又不知道如何面对时，应该向历史请教，历史往往是最好的老师。因为人类发展、事物发展的规律是螺旋式上升，每一次轮回都将呈现回归原点的现象。因此，一个民族，一个国家，一座城市，都应该珍惜和保护好自己的历史原点。只有知道自己从哪里来，现在站在哪里，才知道自己要往哪里去，否则下一次轮回时就会找不到回家的路。

新天地有个石库门历史博物馆——"屋里厢"，它就是城市的原点。

按照太平桥旧区重建规划，这片方圆 52 公顷内 23 个石库门街坊，最终只留下一个石库门街坊，其余 22 个街坊全部在拆毁之列。建一个微型历史博物馆，就是留条根，留个原点，留一条城区将来回家的路。

屋里厢博物馆坐落在新天地北里与南里交界的兴业路上，是一栋建于 20 世纪 20 年代的石库门建筑。

"屋里厢"是地道的上海话，意思是"家"。"屋里厢"对每个上海人都是一个充满温馨的字眼，每个上海人都有一个"屋里厢"，也都是从"屋里厢"出生长大的。

这栋石库门老宅子有上下两层 9 间房，还有一个假三层的阁楼，总建筑面积为

石库门客堂间是家庭的公共空间，接待来客以及全家人用餐之地。客堂间正中靠墙放着一张八仙桌，两侧有太师椅，正面墙上通常悬挂佛祖画像、祖先画像或文人画等，供家人焚香祭祖、祈福平安，或以明志。

513 平方米。9 间房间分别为底层的客堂间、东厢房、西厢房，二楼的前楼房、东厢房、西厢房，还有亭子间、灶披间（厨房）和三层阁。还原了 20 世纪 20 年代石库门弄堂人家的生活风貌，虚拟了祖孙三代一家人的生活方式。石库门为什么是客堂间、东西厢房、天井的空间布局，而不是当今的三房两厅一厨一卫的模样？这是需要追问的"根"。石库门的空间设计反映了 19 世纪中叶，刚刚脱离农耕社会进入城市的上海人的生活理想、生活方式和价值取向，依稀可见脱胎于农耕社会的许多痕迹：希望自己的家有一方庭院，有一间堂屋可以祭祖拜神，祈求风调雨顺，但又必须面对城市寸土寸金的现实。石库门既有继承又有创新，符合城市追求效益的特点，空间上保留了中国农耕文化习俗特点，有弄堂、围墙、天井、客厅、厢房，尊卑有序，亲情交融。

上海的石库门建筑诞生于 1860 至 1870 年。最初，英国房地产商参照伦敦市区联排屋的概念，为早期进入租界的上海人设计住宅。由于施工建房的工匠是浙江人，中国工匠告诉外国设计师，英式联排屋不符合中国人的生活方式、文化习惯，中国的住宅不能没有院子，少了院子没有安全感；中国住宅不能没有堂屋，堂屋是大家庭的公共活动空间，这是迎来送往、请客吃饭、全家聚会的场地。外国设计师与中国工匠的共同创造，才有了原创意义的石库门建筑：它的外表是英国联排屋，内部是中国江南民居三合院，中西文化合璧。

石库门这个建筑的最大特色是在门上。门楣是欧洲巴洛克文化大卷草，青石板做门框，黑漆大门上挂了两个兽头门环，具有安全感又彰显身份，深得进入租界的上海人喜爱。有人说，国家国家，从国到家是三道门：国门、城门、家门。1840 年鸦片战争之后，国门和城门都被西方人打开，家门就显得尤为重要，房地产开发商就在门上做足了文章，结结实实的青石板门框，如同木质水桶的铁箍，上海老百姓把这种民居建筑称之为"石箍门"，之后几十年的口口相传，演变成"石库门"的称谓。

石库门建筑的生命从 1860 年出生，到里弄建筑营造技艺 2011 年 5 月正式列入国家非物质文化遗产，整整走过了 151 年的历史。在历史的时间长轴上，屋里厢博物馆选取了石库门走向辉煌的顶峰时期：1920 至 1930 年。这个时期正是上海成为亚洲金融中心、国际第六大都市的时间，是中国共产党诞生的岁月，也是上海城市性格成型的岁月。石库门成为这一时期工业文明、商业文明、城市生活、海派文化、红色文化和"亭子间"文学的空间载体。

但是，屋里厢博物馆仅仅表现了石库门独门独户的历史时期，没有展示它从巅峰期走下坡路，承载起市井生活的历史时期。这一时期的弄堂文化极其丰富，成为城市公共文化的重要基石，完善了城市性格。

上海石库门的衰退是 1937 年 8 月日本军阀入侵上海造成的。战火逼迫上海把大量的资金、机构、人才撤向内地大西南，日军封锁了海面、港口，阻断了上海的国际贸易往来，上海很快就失去了亚洲金融中心地位。石库门的居住人群也发生了重大变化，一大批从事金融、贸易的石库门居民逃难去了内地，无奈留下的人由于断了

（上图）石库门亭子间是二楼的楼梯拐角处的小房间，亭子间屋顶上是晒台，地板下是灶披间（厨房），夏天热得像蒸笼，冬天冷得像冰窟，一般用作储藏室或用人房，20世纪20年代曾是上海众多文化人蜗居的空间，因此诞生了"亭子间文学"，在中国的文学发展史上有一席之地。

（下图）顶楼的三层阁，是屋檐下的三角空间，屋子里的光线是从"老虎天窗"透进来的。上海人说的"老虎窗"中"老虎"一词源自英语"roof"。

石库门的门楣上是巴洛克山花涡卷浮雕。

经济来源，只好出租自家一部分居住空间，依靠房租养家糊口。日军在战争中曾派飞机轰炸"华界"的民房，威慑上海租界里的西方列强和抵抗入侵的中国军队。"华界"的上海市民纷纷逃进西方人的"公共租界"、"法租界"避难。难民们需要有栖身之地，从事房屋租赁中介的"黄牛"们看到了商机，一面为难民们找房子，一面为石库门人家找租客。为了降低租金，"黄牛"们鼓动房东把大房间隔成小房间，小房间隔成"鸽子笼"（上海人形容居住空间之小），肢解了一个完整的石库门空间，沦落为"72家房客"。

"华界"的老百姓进入石库门弄堂，不仅带来了他们习惯的生活方式，还带来了经济活动：弄堂里冒出小作坊、小工厂、小旅馆、小商铺、小饭馆、"老虎灶"（出售热水的商铺）、学校、戏班子、报馆、澡堂……五花八门，样样齐全。弄堂成为上海底层老百姓的生活世界，显现一幅市井百态图。石库门弄堂便从过去比较单一的居住空间，向居住、小商业、小工业、文化娱乐等多功能混合体的城

市空间转变，事实上，石库门空间难以承载这些"多功能"的要求，其结果是造成石库门从顶峰跌落下来，走向衰退。

石库门弄堂空间是弄堂文化的载体，石库门弄堂在走向衰退的漫长过程中，孕育出了上海独特的弄堂文化。

石库门独门独户时期，家里的空间很大，居民很少去使用弄堂的公共空间，弄堂相当清静；当弄堂衰退成为"市井生活"空间时，一个石库门门洞里住了七八户人家，每个家庭的空间狭小，只有10平方米左右。居民们无奈地把吃饭、洗漱、看书、晾衣服、刷马桶、乘凉、男人洗澡等一部分家庭生活，搬到了支弄堂里，马桶和女人内衣都属于个人隐私，却可以堂而皇之地晾晒在支弄堂里，大家也不避讳，没有人认为那是不雅观、不文明的。这一现象若放在发达国家，会遭到邻居抗议，甚至遭到法律起诉。由此可见，石库门居民的潜意识中已经把支弄堂视为半私有的空间。

石库门"群租"现象，使原先完整的私有空间出现了小型的公共空间，即共享厨房、共享天井、共享阳台和走道，孕育出了公共空间的人际关系潜规则。以共享厨房为例，原先8平方米左右的独用厨房，演变成了七八户居民公用厨房，七八只煤球炉靠得很近油锅挨着油锅居民们必须精细地计算自己的空间面积也计算别人的空间大小，

（左图）石库门支弄堂是半私有空间。
（右图）石库门居民各用各的水龙头和独用水表。

自己不去占别人的面积,也别让其他人来占自己的地盘,这是保护自身利益的最佳办法。最有趣的现象是厨房里的电灯,居然安装了七八个电灯泡,8平方米的小厨房有一盏灯足以照亮,但晚上大家一起烧饭时,各亮各的灯,显示是用自己的灯光。"拉亮自己的灯,不占他人的光"是石库门公用厨房的潜规则,谁违反了规则,不拉亮自己的灯,混在"群灯"中炒菜,马上会遭到邻居们的背后议论和冷嘲热讽。当这个潜规则演变成为一座城市的文化习惯,直接影响了上海对外交往、开展贸易的思维方式。上海人做生意很精明,不但要算自己赚不赚钱,还要算对方赚得是不是比自己多,若对方超过自己,心里就很不爽,为了图个好心情宁愿不做这笔生意。到了20世纪80年代改革开放后,上海人与外商企业洽谈合作项目时,常常十谈九不成。外商说上海人有"红眼病",见不得外商多赚一点钱,不如广东人做买卖爽快,就纷纷去了广东深圳开厂办实业。上海人"精明不高明",丧失了很多商业机会。但是生意一旦谈成了,上海人很讲信誉,履约率极高。上海人的骨子里仍旧有当年租界留下的"契约文明"传统。

拥挤狭窄的空间,使得邻里之间常常发生矛盾。与邻居吵架,从来不会一辈子记仇,低头不见抬头见,人与人之间还是要继续相处的。邻里吵架后,双方都会寻找和解的机会,例如下雨了,帮助对方收回天井里晾晒的被子、衣物;或者邻居迟归,回来发现自己的孩子已经在隔壁阿婆家吃了晚饭,所以感激之情油然而生,吵架的怨气顿时化为乌有,第二天回敬一碗热气腾腾的自制菜肉馄饨,双方又和好如初了。邻里关系,吵架以后建立的关系更好,那是一种新的平衡。弄堂生活空间孕育出了上海人"求同存异"的城市文化。

石库门弄堂还有一种居民"爱管闲事"的文化习惯。弄堂里的阿姨、阿婆们坐在家门口晒太阳或乘凉,看见陌生人走进弄堂,阿姨、阿婆就会主动上去打招呼,问他找谁,一面为陌生人指路,一面刨根问底地了解他。若是小偷难免被问得心虚,找个借口逃之夭夭。石库门是夜不闭户的,后门虚掩着,方便门里的住户人家进出,它不用担心小偷盗窃,弄堂文化是一道天然的屏障。"爱管闲事"的习惯从本质上看是城市的公民意识,属于工业文明,弄堂阿婆们管的是公共利益的"闲事",那是城市公共空间文化的重要内容。

石库门是19、20世纪典型的民居建筑,弄堂文化反映了当时上海人的生活方式、思维方式和行为方式,即便跨越了一个多世纪,今天依然有魅力,有保留、保护的价值。

上海20世纪末启动了再城市化,大量拆毁石库门的同时也毁掉了弄堂文化,这批珍贵的城市公共文化失去载体,飘向空中。许多市民不再"爱管闲事",只顾自己;许多人处理公共关系不再"求同存异",好走极端。今天,需要把这些公共文化重新请回来。

拆毁石库门的本意是想让市民彻底走出"72家房客"蜗居的困境,过上幸福的生活。市民公认的"幸福标准"是家里要有三房二厅,卧房、书房、儿童房、客厅、餐厅,以及独用的厨房和卫生间。

随着经济发展、生活富裕,一些拥有独门独户的市民开始放大自己的"幸福感",追求私人空间越大越好,功能越全越幸福,家里有了120平方米大空间,还想追求200平方米、300平方米的大空间,显摆给他人看。家里安装了现代的家庭影院设施、家庭图书馆、家庭健身房等等。事物发展常常会走向它的反面,"多"与"少"是矛盾的对立统一,多也是少! 家庭空间尺度的过分放大,直接影响了人们去使用城市共享

屋里厢博物馆的展品之一,马桶藏在座椅中的"文明马桶"。

新加坡前资政李光耀参观屋里厢博物馆，站在木制马桶展品前。

空间的积极性。新的麻烦来了：一些"富二代"宅在家里不愿出门，不愿与他人交往，沉湎于电脑的人机对话，成为宅男、宅女，他们不愿融入社会，甚至不愿上班，不愿成家立业、结婚生子，不愿承担家庭责任、社会责任，成为躺在父母身上吃老本的"啃老族"。放大了的"幸福感"正在废掉"富二代"的自立能力和创造力，制造一个又一个的家庭不幸。

这些家庭的不幸是"德"的表象，实际上是违背了"道"的规律！古代哲人老子在《道德经》中论述了"道"的本质：少则得，多则惑。当人们放纵自己的欲望去夺取看似美好的东西，可能会带来不幸。

私人空间是不是越大幸福感越强呢？人们有时不清楚自己真正想要的是什么，绞尽脑汁地追求更多更大的东西，但结果并不是自己真正想要的。

私人空间尺度与幸福指数是什么关系？这是屋里厢博物馆留给我们的文化思考。

新加坡的城市规划和市民住宅的空间尺度比较合理，更注重人性化，以人为本，不追求奢华、显富，每个小家庭的居住空间有限，基本在45平方米到60平方米。政府着力把城市花园、休闲街、公园、图书馆、博物馆、剧院和电影院等城市公共空间做得相当舒适，鼓励人们走出私有空间大量去使用城市公共空间，那是智慧城市、快乐城市的规划设计。因为与人交流让人快乐，生命运动让人快乐，动手劳动让人快乐，冒险创新让人快乐。

追求合适的私人空间尺度也正成为上海人居住概念的新时尚。

屋里厢博物馆有一件展品，它的价值常常被参观者忽视，它是展示厅地上摆放的几个木制马桶，参观者见了往往一笑了之，它在上海即将销声匿迹了，很少有人去想过马桶对于现代化的上海还会有什么价值。

但木制马桶引起过一位思想者的注意，他就是新加坡资政李光耀，新加坡经济社会发展的顶层设计师！2001年秋，李光耀走进"屋里厢"，在弄堂生活展品的马桶跟前停立许久，饶有兴趣地问了许多石库门的历史文化，上海的摄影师拍下了这些珍贵的照片。

千万别小看了马桶，它折射着上海人生活方式的时代变迁，它还代表了一个时代生产方式的变化。"老上海"所熟悉的"倒马桶"，实质反映的是城乡之间的生态链循环，马桶把千家万户的粪尿收集起来，用船送到城外的农村，变废为宝，这些有机肥料滋养了田里的庄稼、蔬菜、果树，丰收后的稻米、蔬菜、水果又运回城里来，城乡循环，周而复始，不去污染江河海水，保持了大自然的生态平衡。西方的抽水马桶进入上海，改变了倒马桶的传统生活方式，尤其在上世纪90年代的旧城区改造中，消灭马桶成为政府的目标。但是，享受抽水马桶的上海人，在用厕后轻松地一抽之后，很少会去想一想粪尿去了哪里。这些有机肥没有去农田，而是经过无害化处理后进入城市污水管道，与工业废水一起排入了大海。广阔无垠的大海的确有稀释这些污水的能力，但也是有限度和临界值的。上海的环境保护专家分析预测，对于1000万人口的城市污水排放，近海可以容纳 50 年，但上海城市人口现在已超过 2000 万，还能允许排放多少年呢？20 年之后的上海污水排到哪里去？

现在，上海市政府正在做未来 20 年、30 年的城市发展远景规划，我们可否换个视角，城市生活废水不要与工业废水"合流"排放，应该回收再利用。环保实质上是以废品为出发点的逆向思维方式。

美国海洋科学家西尔维亚·厄尔（Sylvia Earle）告诫人们：你喝的每一滴水，你每一次的呼吸，都与大海联系在一起。大气中的氧气绝大多数是由大海产生的，地球上大部分有机碳都在海洋中被吸收和储存，这一过程主要由微生物完成。来自海洋的水分形成云，然后落回陆地和海面，即雨、雪、冰雹。没有水，就没有生命，没有大海的蓝色就没有大陆的绿色。

按照我们城市今天向大海排放的方式，海中大量的微生物将死亡，几十年之后的子孙后代如何去面对被污染的海水，需要花多少财力和物力去修复海洋以维持他们的生命！

城市抽水马桶的不断普及，农村便失去了有机肥料的来源。与此同时，农业的生产方式也在改变，农民种田开始使用来自西方国家的无机化肥。化学肥料迅速提高粮食、蔬菜、水果的产量，还没有臭味，无机化肥比有机肥更受农民欢迎。过去，人们并不清楚植物上的化学剂残留会伤害到人的健康，化肥也会伤害到土地自身。

现代生活方式和生产方式破坏了传统的城乡循环生态链，自然规律开始惩罚人类，出现了各种肿瘤疾病，农田出现板结，危机倒逼我们的生活方式、生产方式转型发展。

2010 年世博会期间，上海出现了源自多利农庄的"有机蔬菜"新名词。有机肥种植蔬菜最先被城里高收入的时髦人群接受，成为健康餐桌新时尚。复旦大学管理学院一位 MBA 毕业生，离开城市去青浦的乡下租了 1000 亩土地，开设"有机蔬菜农庄"，这位当代"农庄主"用了 6 年时间清除了土壤中的化肥残留，改用有机肥料种菜。有机蔬菜的价格不便宜，一斤韭菜卖到了 40 元。在骂声、赞扬声中，城里人的餐桌开始细分健康、亚健康、不健康三个档次，健康与不健康的区别之一在于种植所用的肥料不同。

现代人以为抽水马桶将成为永远的时尚,马桶将走进博物馆而一去不复返,但是今天毒大米、毒蔬菜威胁人们健康,市场对有机粮食、有机蔬菜的需求越来越大,新概念的"马桶"会不会螺旋式轮回又重新进入人们的生活呢? 也许在不远的将来,随着"健康餐桌"不断扩大,有机肥供不应求,上海市区会出现无臭而且时尚的"有机肥加工厂",工厂有价收购市民的排泄物,包括宠物狗的排泄物,在"垃圾分类"的新时尚中,马桶可能以"有机肥收集器"的全新概念卷土重来!

人类在 21 世纪的一项创造是把水分成饮用水和非饮用水,也一定有办法把粪便分成有机肥和非有机肥。

马桶到抽水马桶是一种进步,但破坏了生态链,抽水马桶正处在改变的时间点上,事物的每一次轮回都更精确地靠近天人合一的生态链规律,那才是人类进步的永恒之道。

由此可见,"屋里厢"的马桶是石库门生活的原点之一,原点是我们上一次的出发地,保留原点是保护城市轮回式发展的回家之路。

第五看点

悠长的后弄堂

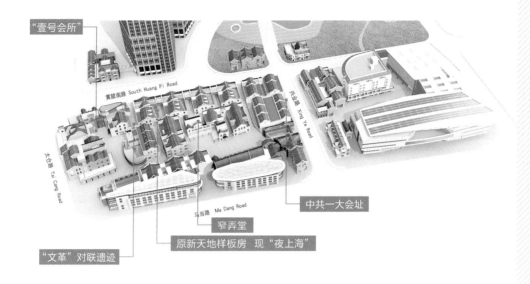

"壹号会所"

黄陂南路 South Huang Pi Road

兴业路 Xing Ye Road

太仓路 Tai Cang Road

马当路 Ma Dang Road

中共一大会址

窄弄堂

原新天地样板房 现"夜上海"

"文革"对联遗迹

　　离开步行街,穿过狭窄的支弄堂,可以看到一条后弄堂,这是打开新天地的第四层"盒子"。

　　后弄堂里都是三四层高的石库门历史建筑,一条青砖小道穿行其中,窄窄长长,朴实幽静。

　　"后弄堂"始建于1911年,形成于1933年,改造于2001年,重新振兴于2010年上海世界博览会。百年兴衰,百年轮回,衰败的老弄堂恢复到二十世纪二三十年代的感觉。那个时期的上海是亚洲的金融中心,是具有"东方巴黎"美誉的国际大都市。当下,上海正在重振雄风,期望在二十一世纪二三十年代重新成为国际金融中心的大都市。

　　今天走进"后弄堂",人们感到它古朴、漂亮、现代、时尚,不再视为贫穷、落后的象征。中外游客拍照留念,新婚夫妇以弄堂为背景拍婚纱照,也有老老少少一家人来"穿弄堂",追忆当年在弄堂生活的种种往事;发型、服饰前卫的男孩女孩从中老年游客身边招摇而过,他们走进后弄堂的理由可不是怀旧,全是因为"Ark"——

新天地有条悠长的后弄堂，六条支弄堂与它纵横交错。它是步行街的支路，有消防疏散通道的功能，也是消费场所的商业动线设计，让游客、消费者在弄堂里转悠，累了随意找家茶室、咖啡馆坐下来歇脚。

一家来自日本东京的摇滚乐餐厅。对于这些"80后"、"90后"而言，石库门只是背景，是城市记忆、上海往事，统统是他们时尚生活的背景。

后弄堂的最南端是中共一大会址，最北端是新天地"壹号会所"，犹如一条从1921年穿越到2010年的时光隧道，它见证过中国反帝反封建大革命的出发，经历过史无前例的"文革"风暴，也见证了中国改革开放的再出发，迎接过2010年上海世博会。

每年成千上万的国际国内游客来到这里，不只是为了目睹有形的历史建筑，更是为了倾听无形的历史回音：在百年间，老弄堂发生过什么有趣的历史故事？它为什么兴起又为什么衰败？

石库门不是冷冰冰的砖块、石头，无论外貌还是细节，里面都有价值观和情感表达。当我们把历史镜头回放到1911年、1921年和1931年，还原到真实的历史，有一个让人吃惊的现象，当年建造后弄堂两侧石库门房子的人，或住过石库门房子的人，几乎都是那个时期上海最时尚的创业者、革命者、社会精英，是那个时期的热血青年和大有作为的人。

后弄堂南端的兴业路78号石库门房子，在1920年是辛亥革命元勋、同盟会发起

（上图）"Ark"摇滚乐餐厅是后弄堂里最具梦想的地方，从流行到摇滚，从爵士到民歌，每晚准时流水登场。"Ark"成为最令年轻人兴奋和开心的文化家园，他们因为摇滚乐选择了新天地。

（下图）对于"80后"、"90后"而言，石库门弄堂只是他们时尚生活的背景。

中共一大于 1921 年 7 月在上海兴业路 76 号石库门房子中召开，现在是中共一大纪念馆。铁栅栏内是新天地后弄堂。

人之一李书城的寓所。其弟李汉俊住在兴业路 76 号。李汉俊与陈独秀同是中国共产主义小组发起人，中国共产党的创始人之一，中共一大会议就是在他的家里召开的。毛泽东、董必武等中共创始人出席会议。陈独秀住过后弄堂的吉益里 21 号，当时的国民党人物蒋介石住过黄陂南路 369 号。

　　1921 年的上海，正处在朝气蓬勃的上升期。上海是中国对外开放程度最高的城市，是一个外国人不需要入境签证就能上岸的城市，各种新思想、新技术汇聚上海，共产主义是与欧洲的火车、汽车和摩天大楼建造技术一起涌入上海的。东、西方文化在上海这片土地上碰撞、交融，孕育出许多原创的新事物，这是中国共产党诞生于上海的石库门，而不是在中国其他沿海城市的主要原因。

　　当年，上海是世界上最有吸引力的国际性城市之一，国外的冒险家和国内各地的有志青年纷纷涌向上海。凭借个人能力在后弄堂北端建造石库门小楼的何锄经先生是很典型的。何锄经是一位外地来上海的打工者，1903年，他与上海富家小姐哈秀梅相识恋爱，遭到女方父亲的坚决反对。受到现代文明影响的哈秀梅冲破封建礼教的束缚，与打工仔私奔。小夫妻两人依靠自己20年的奋斗，攒钱建造了一幢石库门三层小楼（黄陂南路328号，今已成为新天地北里的"新吉士"饭店）。当年他们奋斗建屋的故事感动过许多人，连著名画家吴昌硕也为他俩作画相贺。

后弄堂悠长，故事也悠长，有些故事演绎了百年，至今还在延续，有些故事在上海城市发展史上，甚至在中国近代史上有着重要地位。悠长的后弄堂是没有天棚的城市历史足迹陈列馆，陈列着很有价值的历史收藏。

造成后弄堂老房子衰退的根本原因是什么？梳理石库门历史有一个发现："群租"是致命伤。

石库门"群租"现象是如何产生的？

石库门百年历史上，发生过两次大的群租事件。第一次是在1937年。日本侵略者轰炸上海闸北，大批难民逃进租界，石库门里的中产阶级逃难去了大西南内地，大批社会底层老百姓住进石库门。原先独门独户的石库门住宅变成了三四户居民合租的房子，这是石库门衰退的起点，原本上海富裕阶层的住宅区渐渐呈现平民化趋势。

（左图）黄陂南路328号石库门老房子，现在是新天地"新吉士"餐厅。
（右图）"新吉士"餐厅的天井和客堂间。

第二次是 1966 年,"文化大革命"兴起,整个国家的文化走向极端。一拨又一拨的红卫兵冲进了石库门里弄,在高喊"破旧立新"(破除旧思想、旧文化、旧风俗、旧习惯,树立新思想、新文化、新风俗、新习惯)的政治口号中,把石库门建筑物上所有的西洋雕塑、传统吉祥图案,斥为"封(封建主义)、资(资本主义)、修(苏联修正主义)",它们遭到棍棒铁器的铲除、砸烂,门头上的巴洛克雕饰无一幸免。一批红卫兵冲进黄陂南路 328 号何锄经的石库门小楼,把何家全部赶出家门,占为"红卫兵司令部"、"红卫兵全国接待站"。第一波抢房风过去后,何家搬回来了。没料想,不久上海又掀起第二波"抢房风潮",戴着红袖章的造反派队员在后弄堂里走街串巷地看大字报,谁家门口被贴了大字报的肯定有政治问题,造反队员就可以破门而入。何锄经老先生在新中国成立前已去世,他儿子何书洪一家在第二波"抢房风潮"中又遭殃了,造反派霸占了大房间,勒令他们一家挤到顶层小阁楼里,那些住房困难户通过"革命"手段,改善

（左图）后弄堂有个"昌星里—1932"的弄堂门头,建于 1932 年。建筑师紧贴着旧弄堂大门设计了玻璃幕墙的现代建筑,让人们看着这个旧时代的建筑,大有穿越时代之感。
（右图）"昌星里—1932"弄堂的门头。门头上的一蓬蓬野草,是飞鸟口衔草籽歇脚时,草籽落在石缝里长成的。

了自己的住房条件，搬到中心城区的南京路、淮海路和衡山路的高档公寓楼房居住。在十年"文革"时期，上海共发生了三次"抢房风"，对石库门是灾难性的打击。已经是三四户人家合住的旧房子又挤进几户抢房者，石库门"群租"现象日益恶化，演变成"72家房客"的贫困街坊。何书洪的石库门房子在"抢房风"中居然挤进来11户住房困难的"造反派"家庭。这些住房困难户的生活习惯不好，对房屋设施缺乏维护的观念，石库门在群租客的过度使用中彻底走向衰败。

彻底衰败的标志是整个里弄的居民人人都想逃离石库门，逃离"群租"的生活环境，石库门街坊将空心化，被人们抛弃。城市的兴衰是由人心的向往和背离所决定的，而不是建筑的新与旧！

20世纪80年代，虽然"文革"结束了，但很多人的思维方式还是没有跳出"文革"的旧框框，人们普遍用"破旧立新"的观念来图解城市更新，以为拆了旧房建新楼就是城市现代化，石库门老房子因为这种错误观念而遭到抛弃。

城市"大拆大建"是抛弃历史建筑的方式。

20世纪90年代中期，淮海路两侧的石库门街区进入更新改造，卢湾区政府突破"文革"造成的思想禁锢，学习国际先进城市建设理念，让一家香港开发商瑞安公司获得了后弄堂的石库门开发权。瑞安公司提出不拆老房子，对旧建筑外表整旧如"旧"，内部彻底重建，放进现代的基础设施，将老房子的居住功能改变为商业功能，让私人空间变为共享空间，探索石库门的"回家"之路。这一思路和做法让区政府领导和本地石库门专家耳目一新，原来保护历史建筑也是城市现代化！这种新的文化观念帮助上海人跳出了"破旧立新"的旧思维方式。

石库门复活了。

新天地之后，上海人把目光转向了老房子，从历史建筑中发现美，发现新的价值。中心城区出现了"田子坊"、"建业里"等一批老石库门的复活，出现了"思南公馆"等一批老洋房的复活，出现了"八号桥"等一批老厂房的复活。

学术界评价：新天地对于上海的旧城改造具有里程碑意义，是革命性的。这个看法一点不过分。

"永庆坊"一排石库门老房子变成了新天地样板房。

"永庆坊"老弄堂。石库门老房子上的巴洛克雕刻在"文革"时期全部被砸坏铲平，这是新做上去的。

2001年，这片"复活"了的石库门街坊引来国际新闻媒体的注意。6月30日，在中共一大会址纪念馆的中外记者招待会上，西方媒体记者提问最多的是新天地与中共一大会址的关系。一位西方记者咄咄逼人地向纪念馆馆长倪兴祥发问："你不觉得贵党的一大会址被资本主义包围了吗？"西方记者的习惯思维停留在20世纪中叶的"冷战"时期，认为贫穷属于社会主义，而新天地是属于资本主义的。

倪馆长回应西方记者说："我不认同你的看法，新天地是中国改革开放的象征，是城市现代化的标志。"

改革是改变自己，开放是包容天下，新天地是上海改变和包容的产物。倪馆长的第二个观点更有说服力，城市现代化不只是摩天大楼，保留石库门老房子也是现代化，新天地代表了上海城市发展观的重大进步。

美国CNN电视记者和中国台湾地区《中国时报》记者想听听新天地开发商的说法，特别采访了瑞安公司高层领导。企业家用自己的语言说出他独特的看法：20世纪初的中国，封建社会解体，军阀混战，西方列强入侵，国家贫穷落后。1921年，13位最先觉悟的中国知识分子抱着救国救民的理想，吸收了欧洲文明中的共产主义思想，在兴业路76号的石库门房子里创立了中国共产党，描绘出振兴中华民族的宏伟蓝图，矢志通过革命手段，推翻半封建半殖民地的反动统治，建立一个平等自由、繁荣富强的社会主义新中国。经过无数革命者前仆后继的奋斗，换来今天的国家富强和人民幸福。几十年过去了，今天的中国人可以平等地与世界发达国家的人共聚在新天地休闲品茶，喝酒用餐，品尝咖啡，新天地像个和谐的地球村，当年13位中共一大代表勾画的宏伟目标在新天地实现了！这就是新天地与中共一大会址的关系。

CNN电视记者当时没有追问下去：你们为什么要建新天地？这个想法是怎么产生的？

也许，那位西方记者忘了提这个问题，也许他压根儿就没想到这一层。

可以毫不夸张地说，没有修缮中共一大会址纪念馆，就没有新天地！它完全是保护中共一大会址纪念地文化环境、历史气氛的产物，否则，后弄堂这片石库门的命运就是拆光后建新楼。

1998 年, 为了迎接中国共产党建党 80 周年, 中共上海市委决定修缮中共一大会址纪念馆。市文物管理部门汇报: 一大会址的周边已经列入旧区重建规划, 很快就会建起来十几幢大楼, 一大会址可能陷入高楼大厦"谷底"的尴尬境地。市领导一听就着急了: 那还了得! 市文物管理部门又说, 新的文物保护理念认为, 不能只保护革命历史旧址一幢房子, 而要保护这片区域的历史建筑。中共一大会址是国家一级文物保护单位, 应该保留石库门老房子, 营造中共 1921 年建党时的历史环境、历史氛围。为此, 中共上海市委做出决定: 保留一大会址前后两个石库门旧街坊。

上海市委这个决定, 既给开发商瑞安公司出了一道难题, 但也成就了瑞安公司, 有了上海新天地的创新项目。

新天地最初立项时曾一度起名"一大改造项目", 后来觉得一个商业地产开发项目使用一大的名称政治色彩过于浓重, 也不合适。大家反复推敲, 日思夜想, 终于有了灵感, 运用了中国文字奥妙的拆字法: "一"加"大"就是"天", "天"对应"地"而成世界; "天地"项目在 20 世纪末开工, 21 世纪初建成, 跨越世纪乃"新"也, 就这样"新天地"的名称响当当地诞生了。

新天地与一大会址的关系就是石库门的缘分, 从文化层面看是红色文化与时尚文化的关系。从一些细节上可以看到它们在文化上是相通的: 新天地是把石库门居住空间改变为餐饮、零售的商业空间, 一大会址是把石库门居住空间改变为展示建党原点的公共空间; 新天地的进口不设围栏, 不卖门票, 一大会址从新世纪开始也不卖门票了, 免费参观。小小的一张门票, 意义却不小, 它反映了一座城市对公共空间文化的认知程度。当一些城市争相开发中国历史文化遗产资源, 圈起来收钱的时候, 一大会址纪念馆不收门票体现了城市文明的进步。

新天地"壹号会所"坐落在后弄堂的最北端, "壹号"没有特别的含义, 序号排在首位, 一个符号而已。这幢漂亮的大宅建于上世纪 20 年代, 正是上海发展的鼎盛时期, 后来历经抗日战争、解放战争, 渐渐衰败, 最后沦为 36 户人家居住的破楼。这座大宅跨入新世纪后, 经过重新整修, 恢复了昔日的华贵气质, 成为接待国际、国内贵宾的高级会所, 又进入鼎盛时期。人们见过国内外政府首脑、政要和在电视上常常露脸的企业家、歌星名流进出"壹号会所"。"壹号会所"成为上海城市历经磨难、重新崛起、再度辉煌的一个缩影。

在2010年上海世博会期间，"壹号会所"每天宾客盈门，高朋满座。5月1日至10月30日，上海世博会参观人数为7000万人次，新天地接待的中外游客达1000万人次，相当于1/7的世博中外游客到过新天地。

外界很少有人知道，"壹号会所"曾经为上海举办世博会立下过汗马功劳。2002年，国际展览局派出考察团专程到上海，新天地是考察团指定要看的一个点。热心肠的罗康瑞代表上海做东宴请国际展览局考察团，并邀请了一批欧美国家在沪投资企业的大佬们作陪。客人对"壹号会所"的精致雅丽、雍容华贵和美酒佳肴产生了美好的印象，但他们印象更深的是在沪外商企业希望上海成为2010年世界博览会举办地的热切期望，为国际展览局决策者最终投票上海加重了砝码。

2010年世博会是上海在国际舞台上的一次精彩亮相，"壹号会所"不仅是见证者，更是参与者。

上海的别墅洋房不少于千幢，有些别墅大宅比"壹号会所"更加气势宏伟，更加出名，为何"壹号会所"在上海世博会中能有这样的殊荣？这幢老房子有什么镇宅之宝能够让众多的外国元首、企业家、艺术家对此动心，产生浓厚兴趣？

这座大宅是前院后天井的结构，站在后天井的台阶向上看，二楼和三楼都有一个"口"字形的回廊，形成一个采光的"井"，底楼的通道因此而变得明亮。各层楼的房间是客厅兼餐厅的布局，古朴简洁的圆桌面、明代的扶手椅、橱柜、古代青花瓷，处处透露着中国元素的符号；然而，欧式的壁炉、水晶吊灯、天鹅绒地毯、古典油画又散发着欧洲文化的气息，让人感受到东西方文化在这座房子里的融汇，洋溢着高贵的气质，显露出一种令人难以抗拒的海派文化魅力。

大宅的底楼是间宽敞的大厅，是把原先老房子的客厅、东西厢房的隔层打通，形成一个可容纳百十人的大空间，厅里只放置了一个"太平桥旧区重建项目规划"的模型，四壁挂了些画，墙角有几把扶手椅和茶几，大厅特意留出的空白，是为了突出重点——旧区重建的模型。

新天地"壹号会所"是一幢带有欧式阳台的三层小楼，虽经沧桑变迁，岁月磨洗，仍不失大宅公馆的气派。

意大利总统乔治·纳波利塔诺一行走出"壹号会所"。

若以为单凭老洋房的格调就能吸引外国元首来参观、用餐,那是太片面了。外国元首在上海看什么,在哪里用餐,与什么人见面,表明他在关注什么,肯定什么,倡导什么!

"壹号会所"真正的魅力在于旧城区重生的创新理念,悬挂在天井影壁上的一幅中国书法"昨天,明天,相会在今天"体现了它的创新思想。这幅草体字出自上海著名书法家韩天衡之手,大厅里的太平桥旧区重建项目规划模型是"昨天,明天,相会在今天"理念的具体体现。

21世纪初,中国各省市启动城市化,内陆省份的领导来沿海城市参观是为了给头脑"充电",差异会令人产生新的想法,新的想法可以带来新的变化。上海的城市化是从解决民生问题、提供更多住宅起步的。经历了几个阶段,即将进入倡导步行优先、公共交通便捷、产城一体化的城市发展新阶段。太平桥旧区重建项目的规划设计理念是这一阶段的重要标志,它具有现代服务业创造GDP的功能,更体现了尊重历史文化、

澳大利亚总督夫人在"壹号会所"观看模型。

尊重自然环境、尊重子孙后代权利的价值观。旧城区重建的新思想和历史建筑承载当代文明的深刻内涵,这才是吸引外国元首和中国总理、省长、市长来参观考察的根本原因。

全国大多数省、市、自治区的领导几乎都到过新天地,每位城市决策者站在太平桥旧区重建规划模型前,看到的东西却是不同的,汲取的思想营养也是不同的。

武汉市市长看到的是城市旧区重建需要整体规划、分阶段实施的新理念。市长说,我们过去总是习惯于把旧区切成一小块一小块地给不同的开发商,缺住宅就盖住宅,缺商场就盖商场,结果建出来的东西同质化竞争,相互"打仗",城市更新后仍然显得很乱,武汉需要引进瑞安这样有理念的大发展商,整体规划,分步推进。

让西藏自治区领导耳目一新的是老房子的文化价值,整旧如"旧"后的历史建筑可以焕发新的生命力,还保持了本地文化特色。半年后,中央电视台报道,拉萨市布

"壹号会所"天井回廊，是按照历史进行恢复性重建的，回廊的木扶手是新做的，雕花铁栏是 1925 年
保留下来的。

（上图）天井底楼的正面墙上悬挂着"昨天，明天，相会在今天"的条幅，这句话是新天地的设计思想，是灵魂。

（下图）改造后的"壹号会所"底楼客厅。

达拉宫脚下一片藏民居住区的老房子,没有按原计划推平重建,而是采用了现代手法对老建筑外表整旧如"旧",内部安装了供水排水系统和保暖设备,深得藏民喜欢,成为拉萨的一景。

新天地在杭州市委主要领导的眼里是城市空间要打开,而不是封闭,这与杭州市正在从事的一项伟大工程十分相似:把环西湖的六大公园铁栅栏拆除,开放公园,取消门票收费制度,让中外游客可以毫无障碍地环湖旅游。城市从"门票经济"向"旅游综合经济效益"转型发展。2001 年,杭州市政府曾安排市建委主任 7 次赴上海学习考察休闲商业的新思路,彻底改变西湖边"10 个游客 9 个看,1 个消费"的状况。市委书记又亲率市委、市府、人大、政协四套领导班子赴新天地,盛邀瑞安公司去杭州建一个"西湖新天地",把休闲商业和城市公共空间建设新理念带去杭州。

辽宁省省长率党政代表团站在"壹号会所"的模型前,最感兴趣的是拆房挖湖。如此巨大的改造,是政府的行政指令还是开发商的意愿?经济账是怎么算的?政府得到了什么,老百姓得到了什么,开发商得到了什么?三者利益如何平衡?省长对上海创造的政府与企业合作,先做好生态环境、人文环境,提升中心城区的土地价值后再开发房地产的理念十分欣赏,把它比喻为东北人种地先施肥,土地肥了,种什么都丰收是同一个道理。

"先做环境再建房"的理念不仅被上海许多开发商仿效,也被中国许多城市的房地产开发商接受,认识到保护当地历史建筑不是一种负担,而是提升土地价值,会给公司带来更好的投资回报。

从某种意义上说,"壹号会所"承担起了上海对外宣传的"窗口"作用。新天地建成初期,"壹号会所"每天宾客盈门,一年统计下来,仅各地政府代表团就有 800 批两万人次,后几年稍有降温,每年的参观人数也都在近 400 批 1 万人次,参观者把新天地的故事带向全国各地。瑞安公司收获的不只是企业品牌声誉,还应各地政府之邀到杭州、武汉、重庆、佛山、大连等城市,开发大型旧区改造项目,一跃成为中国商业地产界的名流。

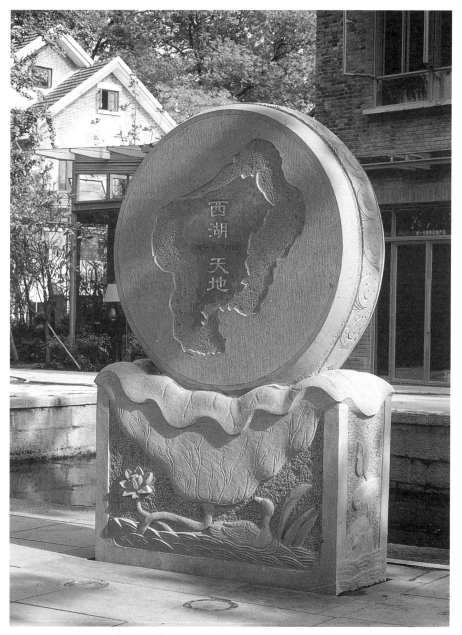

瑞安在杭州的开发项目"西湖天地"。这是立在西湖天地入口处的标志石雕：西湖、荷花托着一个中国古代的石头磨盘。石磨可以追溯到南宋时期。

新天地南里

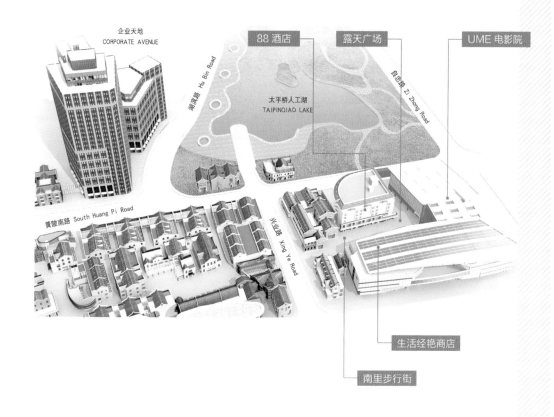

企业天地
CORPORATE AVENUE

湖滨路 Hu Bin Road

88 酒店

露天广场

UME 电影院

自忠路 Zi Zhong Road

太平桥人工湖
TAIPINQIAO LAKE

黄陂南路 South Huang Pi Road

兴业路 Xing Ye Road

生活经艳商店

南里步行街

　　逛完新天地北里石库门的游客，站在兴业路街口，望见南里出现了大型现代建筑，往往会不由自主地停下脚步想，对面还是新天地吗？人们怀疑第五层"盒子"是不是放错了地方，是不该出现在这里的呀！外国人站在兴业路上，与中国人在法国巴黎凯旋门附近的感受十分相似，中国游客在巴黎几乎只在协和广场到凯旋门这片老城区游玩，都不会去凯旋门背后的拉德芳斯新城区。老城区有著名的巴黎圣母院、香榭丽舍大道、埃菲尔铁塔以及塞纳河上一座座桥梁和雕塑，这些一个世纪前的历史建筑在今天仍然给人以震撼的力量。而新城区拉德芳斯只是摩天大楼，它们耸入云霄，高大雄伟，但在上海人眼里却不以为然，这些高楼大厦上海也有，肯定比巴黎更多，即便是看摩天大楼也要看原版的，它在美国纽约的第五大道。

南里广场和流动小货车。

由此可见，在中国游客眼里，巴黎建于19世纪的香榭丽舍大道街区的历史建筑代表了巴黎，而不是拉德芳斯的摩天大楼。同样，在世界各国的游客眼里，满城的摩天大楼并不代表上海，能够代表上海的是石库门老房子。

如果石库门代表上海，是不是要让我们回到"昨天"去，回到拥挤而嘈杂的弄堂生活里去？"昨天"是回不去的，历史的脚步不断前行，石库门能代表得了上海的明天吗？

还是以巴黎为例，中国人以为香榭丽舍大道街区就是巴黎的城市代表，但按照巴黎市民的说法，香榭丽舍大道街区是属于巴黎外省人和外国游客的，而圣日耳曼街区才是属于巴黎本地市民的。圣日耳曼街区的历史可以追溯到更加久远的17世纪，圣日耳曼大街穿过巴黎5、6、7区，正是闻名遐迩的"巴黎左岸"拉丁区，它曾是萨特、巴尔扎克、罗丹、毕加索等文化名人喜爱的休闲街。对于酷爱文化和历史的巴黎人来说，令他们自豪的圣日耳曼街区有50多家电影院、200多个画廊、520多个咖啡馆，是当今法国思想家、艺术家、作家、政治家和大学生们最喜欢去的街区。圣日耳曼街区是大学集聚区，也是现代知识型经济和文化创意产业的集聚区，这片历史悠久的街区既代表了巴黎的昨天，更代表了巴黎的明天。

上海新天地的"昨天，明天，相会在今天"，这三个时间概念有没有特定的指向？指向新天地哪片空间呢？

南里玻璃幕墙的现代建筑并不代表"明天"，它是上海城市化、工业化的"今天"。不难发现，"昨天""明天"都指向北里的石库门街坊。城市的明天是昨天、今天的合乎逻辑的延伸，新天地北里石库门，代表了一座城市螺旋式回到"昨天"原点的重新出发，历史空间承载起了自工业化的新兴产业，承载起人类的新文明。

新天地在2001年刚开张那阵，石库门的北里人气鼎盛，现代建筑的南里却门可罗雀，中外游客明显地不认可南里属于新天地，就连上海本地市民也不认可南里，他们用脚表示看法，走到兴业路就折返了。

后来，新天地市场部挖空心思，在南里入口与现代商场之间的交通道上摆了几辆漂亮的小商品流动货车，去吸引购买纪念品的游客走入南里。不少参观者询问开发商，为何要拆掉南里的石库门弄堂呢？新天地在设计过程中，南里石库门的拆与留曾经引起过一场激烈的争论，这部分内容会在后面的章节中作详细介绍。

在新天地总设计师伍德先生眼中，新天地是个可以让人引发思考的地方，城市空间是承载思想文化的容器。一座城市的建筑不能只有"从前"，也不能拆光"从前"只有"现在"。昨天、今天、明天是一个连续的过程，需要一层一层地表达城市演变的历程。

这样的城市空间结构和不对称美，放大到一座城市的空间去同样适用。可惜的是当今上海的现代建筑比例大大超过了历史建筑，年轻得快要看不见"从前"了。按照巴黎的城市发展观，失去"从前"的城市，不只是丢失文化传承的危机，更可怕的是将失去未来，失去"明天"。

问题是上海许多人并未觉察到文化失衡的危机，为了"今天"仍在不停地拆除"昨天"的历史建筑。城市有待觉醒。

新天地北里建筑与南里建筑在外形上的巨大反差，是一种不对称美，同时它们也体现"你中有我，我中有你"的跨界与融合。北里石库门街区，插进了几幢现代建筑，南里的新建筑中保留了几幢石库门老房子，体现了传承中有发展、发展中有传承。

人的"悟"性不够,单靠外力是很难将他唤醒的,这是佛经上的"觉"与"悟"的原意。"觉""悟"二字常常被烧香拜佛者曲解,企图依靠菩萨解决自己问题的人才是迷信。

城市建设向西方借文化也是一种迷信。

南里的新建筑没有太多的故事可讲,它太年轻。南里新建筑共有四层,最初一层到三层是港、台地区和东南亚风格的餐馆,后来调整进来服饰品牌店,四层是香港著名电影人吴思远投资的 UME 电影院和香港文化人施养德做艺术总监的"生活经艳"商店。

吴思远出生在上海,后来去了香港,他自幼喜爱看电影,爱了一辈子,开电影公司,当导演,捧红过许多香港影视明星。UME 电影院里大大小小的放映厅和休闲区既现代又传统,到处可觅老上海的怀旧味道,好像电影记忆博物馆。UME 经常放映老上海经典影片,让上海市民重温周璇、赵丹、金焰等从前当红的名演员。吴思远凭借他的电影发行渠道优势,总能赶在其他电影院线之前放映刚刚进入中国的好莱坞大片,培育了一大批 UME 的忠实观众。

中国奢侈品牌商店"生活经艳"内景。

"生活经艳"是南里唯一的现代"自生产"方式的艺术品店，由亚洲开发银行投资。出售的商品林林总总，桌椅家具、花瓶摆设、瓷器用具，每一样物件都是艺术品，纯手工制作打磨的，让人拿起来就放不下，爱不释手，其品质不亚于欧洲的奢侈品牌。早在18世纪的英国和法国，王公贵族们显示身份的奢侈品牌是中国的瓷器和丝绸，但今天，中国有钱人显示身份的奢侈品牌是法国、意大利、瑞士的服饰、皮包、手表。亚洲开发银行的确很有眼光，预料欧洲在未来的某一天又重新掀起中国奢侈品牌热，在刚跨入新世纪就开始投资挖掘中国正在失传的民族手工艺。

　　全球掀起中国奢侈品牌热，可能会在并不遥远的将来，有待于中国原创精神的回归。今天，很多国人迷恋欧洲奢侈品牌的包包、服饰，很少有人光顾"生活经艳"品牌店。"生活经艳"的艺术总监施养德先生对此抱着一颗平常心，他说，他是为古人做，为后人做，是在做10年后的时尚生活。他坚信，只要中国经济一直向好，综合实力不断增强，不用急，若干年后，我们今天怎么迷恋欧洲的，明天欧洲人就会怎么迷恋我们。

　　问题是中国要拿得出能够让人家迷恋的东西！现在就应该开始思考和准备。施养德先生常去离新天地不远的上海博物馆游览，汲取华夏文明的滋养。他说，上海博物馆的馆藏十分丰富，仰韶文明的彩绘陶罐、商周文明的青铜器具、唐代文明的石窟佛像等等，但这些东西只是挂在墙上，锁在橱窗里，与我们今天的生活没有多大关系。华夏文明需要被第二次发现，走出橱窗，向生活延伸，让原创基因一个个复活，成为当代文化创意产业的资源，走进我们的日常生活。新天地"透明思考"的创始人张毅、杨惠姗夫妇正是让自己的作品回到两千年前西汉的琉璃铸造工艺的原点，获取了华夏文明的原创基因，才成就了"琉璃工房"的著名中国奢侈品牌。说到底，上海当下缺的是原创文化的整体环境，人们急于在最短时间里获取更多的财富，不敢冒险，害怕挫折。张毅、杨惠姗把原创基因归纳为四句话：饱尝磨难，享受挫折，修炼自己，创造美丽。

　　沉浸在原创文化中的施养德耐得住寂寞，但现代建筑的租金没有这份耐心守候他10年光阴，"生活经艳"品牌店最终还是消失在商品化大潮中了。

　　南里有一家迷你型宾馆"88酒店"，与文化创意有关。宾馆很小，只有53间客房，但知名度不小,特别受港台明星的青睐,国际著名歌星、拉丁歌王 Ricky Martin,国际篮球明星姚明,香港明星成龙、周润发、刘德华等,都住过 88 酒店。2003 年,时任香港特首的董建华休假到上海,市政府接待部门安排董特首下榻新锦江大酒店的总统套房,但特首夫人喜欢 88 酒店中国文化品味和服务方式,坚持要住在 88 酒店。董特首拗不过夫人,只好下榻新天地 88 酒店。

上海的四星、五星级酒店相当多,基本是欧美国家的品牌,欧美国家的文化。波特曼、希尔顿、香格里拉、朗庭,很少见到代表上海文化的宾馆,倒是 88 酒店由里而外洋溢着海派文化的品位。88 酒店的重点不在大堂的阔绰豪华,而在客房的精致。对于旅行者来说,睡得好一切都好,一张床和适合自己的客房环境更重要。88 酒店每间客房的床具有强烈的中国元素,设计上择取了明清时代"拔步床"的文化元素,与垂地的纱幔配在一起,围合成一个舒适的睡眠空间。枕头高低直接关系睡眠效果,而每个人的习惯不同,床上有六个不同高低的枕头可供选择。被子的创意更趋人性化,被芯纤维中有微小的胶囊可以储存或释放热量,当客人浴后睡进被子时,身体热量高,被子能自动吸取多余热量;当清晨人体温度较低时,被子能自动释放回那部分热量,给客人一个恒温的睡眠。

客房里的衣橱虽然是明清传统式样,但衣橱里的挂衣杆体现了国际化,它可以上下移动方便不同身高的客人。欧美客人的个头高大,东亚国家客人身材相对矮小,客人在前台办理登记手续时,服务员已在目测客人的身高,提前去客房调整挂衣杆的高度。衣橱里挂着两件睡衣,多次住店的常客会发现自己的名字已绣在睡衣上了,表明这件睡衣只属于你! 睡衣的颜色也是男女有别,令女士们感受到一份特别的关怀。

整个房间光线柔和,地毯柔软得像草坪,背景音乐如梦如幻,房间提前用精油进行了香熏,令客人感受到一种回归自然的宁静,感受到一流的服务品质,那是经过长途飞行的旅客向往的休息环境,还能收获一些当地特色文化的惊喜。

客人住下后仍会在不经意间发现一些被关怀的小细节:空气净化器、加湿器是常备的,保持室内空气合适的温度、湿度和净度。拔步床底下专门放置了一盒国外进口的环境保护设施,它能够对抗过敏源微生物和细菌,有效地保护客人一整夜远离

88 酒店客房。

过敏源和细菌。房间的窗子不是五星级宾馆密封的那种, 而是可以自由打开, 窗外是绿树婆娑的人工湖公园。

88 酒店客房的背景音乐也有特别之处。没有客人时, 房间里照样播放背景音乐, 音乐是放给房间里的床、桌、椅、橱、柜听的, 木质家具是大树生命的静止状态, 专门制作的"宇宙之音"能使木质家具保持一份平和, 延长寿命。木质家具是有灵性的, 主人善待家具, 家具就会善待客人。当客人入住客房后, 背景音乐转为"天使之音""健康之声", 天籁之音促使客人的心情尽快安静。

曾有一段时间, 88 酒店卫生间的抽水马桶消毒后不是贴上"已消毒"的封条, 而是在马桶内的水面上撒上几片玫瑰花瓣, 花瓣表明这个马桶清洗后没人使用过, 这个小细节让女士们感动不已。用玫瑰花瓣代替消毒封条属于酒店自己制定的标准, 与国家星级宾馆的标准不同。

88 酒店的客人离店前的"查房"制度, 被转化为 "模糊查房"标准。客人在离店结账时, 客人不用等待查房结果, 结完账付了钱就可以离店。客人如果带走了房间里的音乐光碟、书、毛巾等物品,酒店认为这属于客人喜欢,不需要付钱,酒店所做的一切,都是为了让客人喜欢。前台通知服务员"查房"是检查客人遗忘了什么物品,以便尽快送还客人的手里,而不是查客人"偷"走了酒店的什么物品,查房仅仅为了及时补上这些物品。

88 酒店没有参加国家旅游局的星级宾馆评比,也就有了自己制定标准的空间。这个差异提出了一个很有意思的问题:谁制定标准?中国星级宾馆目前的标准是参照欧洲的标准,中国的宾馆能否有自己的标准并成为国际公认的世界标准?

宾馆对客人的热情、贴心服务不能停留在口号上,88 酒店有自己的标准,并且有量化指标。例如给客人上茶,要把茶杯把子朝向客人,方便客人握杯,体现了一份关心;送上酒杯不但轻轻放在桌面上,还要转一个角度能让客人感受到一种服务,表示尊重;向客人微笑说"欢迎光临"时要求与客人对视三秒钟,让客人感受到一种真诚而不是敷衍了事。有一次早餐时间,服务员看见一位住店客人的西装有褶皱,送上早点时,服务员礼貌地说:"不好意思,我发现您的西装有点皱了。"客人无奈地回答:"是啊,我太忙了,没有时间照料自己。"服务员说:"请把西装给我,只需要 10 分钟就可以解决。"10 分钟后,一件熨烫平整的西装送到了客人手中。餐厅服务内容中没有为客人免费熨烫服装这一项,纯属服务员的自觉行为。

88 酒店虽小,但它是中国创意、中国设计的萌芽,它不是欧洲宾馆文化的追随者,这是问题的关键。

88酒店服务员与客人眼光交流。

太平桥
人工湖公园

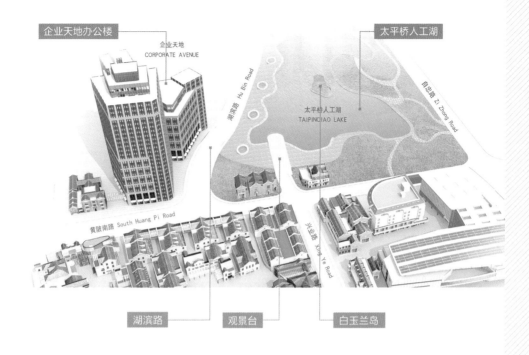

企业天地办公楼

企业天地
CORPORATE AVENUE

太平桥人工湖

湖滨路 Hu Bin Road

太平桥人工湖
TAIPINGIAO LAKE

自忠路 Zi Zhong Road

黄陂南路 South Huang Pi Road

兴业路 Xing Ye Road

湖滨路　　　　观景台　　　　白玉兰岛

逛完青砖黛瓦的石库门弄堂,沿着兴业路一直向东,尽头是一片水清树绿的人工湖公园。湖水清澈如镜,微风过处,吹皱一池清水,搅动了水中的倒影。左岸一侧是错落有致的大楼,右岸一侧是浓绿密布的树林,林中有小道,曲径通幽。它是中心城区最浪漫的公园之一。

人工湖公园建成于 2001 年 6 月,每当游客和参观者一听说这片水面是拆房建的湖,都感到惊异,心中闪出一个问号:寸土寸金的中心城区为何不多造房而挖湖呢?

早在 1996 年完成的太平桥旧区重建规划中就拟建人工湖,湖面规划面积 4 公顷。在时任市长徐匡迪的建议下,湖面缩小为 1.2 公顷,2.8 公顷改为公园绿地,原因是人工湖非天然所成,缺乏自净能力,水体易污染成为臭水,而绿色植物有吐故纳新之功。

太平湖是无中生有之物,人工所为之功,一共动迁了3800户居民和50个企事业单位,拆了大片的旧房挖的湖。人工湖东西绵长,南北狭窄,曲曲折折,望不到头,似乎湖面很大,伸向无尽的远方。人造的湖很容易设计成圆的或者方的,怎么看都像个大游泳池,而新天地太平湖的设计师运用了不对称、不规则美的设计理念,师法自然,浑然天成。

问题在于,设计师们为何要在这片52公顷的土地中央建一个人工湖呢?他们是怎么想的呢?

区域规划设计师不同于单幢房子的建筑设计师,他们需要对一片城区进行更宽阔的地域文化思考,进行区域规划。这家曾经为美国旧金山等许多城市做过区域规划的S.O.M公司,没有简单照搬一个美国的城市场景,而是耐心地进行地域文化调研。设计师团队的目光越过了石库门老房子,发现太平桥地区在一百年前曾是河浜交错的水网村落,较大的河浜有肇嘉浜、打铁浜、南长浜、北长浜。逢山开路,遇水架桥,这片区域大大小小的桥特别多,太平桥是打铁浜的一座大桥,是通往上海老城厢西城门(老西门)的交通要道。

S.O.M公司挖掘太平桥地区历史,理清这片区域的文化脉络,弄清楚"我是谁",弄明白"我从哪里来",这是大树对根的寻问,是火山对岩浆的寻问。

只有弄清楚"我从哪里来",才能寻找到通往未来的路。

太平桥地区在20世纪初的第一次城市化时,法租界当局填河、筑路、建房,让上海民众大开眼界。在20世纪末的再城市化时,太平桥区域重新见到了水,回到原点,又让上海民众大开眼界。

太平桥旧区近百年来一直是个方便人们步行的城区空间,太平桥菜市场是这一区域的中心,粮油副食品商店、日用百货、茶室餐馆、理发澡堂围绕菜市场展开,从中心延伸出顺昌路小吃街,外围是长城电影院、嵩山电影院、雅庐书场(苏州评弹)、月光大戏院,有中学、小学、艺术学校、法律专科学校和佛教的高等学府"法藏讲寺"。所有这些公共场所,两点之间的步行距离大多在十几分钟,不会超过半小时。这片区域的道路宽度适合步行和脚踏车,人称步行时代或脚踏车时代。

太平桥旧区重建规划没有把这一区域带进"汽车时代",汽车主导的城市道路尺度要大,红绿灯的时间设计方便汽车,不方便步行,甚至出现自行车限行的路段。

重建规划跨过了"汽车时代",直接进入"地铁时代",保留了城区原先的街道尺度,拆房挖湖,做了一个方便人们步行、骑车的城区规划,这是跨越式发展的规划。

2003 年,联合国副秘书长来参观太平桥人工湖时,感叹道:Amazing!Amazing!(太令人吃惊了!)这是我们纽约现在做不到的事。当时,美国纽约市的地价是上海的 10 倍,上海的平均房价才 3000 元一平方米。当然,拆房建湖的壮举若放在 2010 年的上海也可能做不成了,10 年间上海的房价涨了 6.8 倍,这片区域3800 户居民的动迁费将是天价,40 天能够动迁走 3800 户居民简直是痴人说梦。

20 世纪初,法租界在这片区域的中心放了一个菜市场,当年的城市规划师很有经验,对城市空间功能定位相当准确。对于不富裕的市民,"吃"是摆在首位的,菜市场成为太平桥居民每天一早见面交流的场所,承担着城市公共空间的功能。到了 21 世纪初,上海市民开始富裕了,"吃"已退其次,住(拥有房子)和行(私人汽车)排在了首位。那么,10 年之后的 2020 年,当市民的住与行的问题都解决了,最大的需求是什么呢?恐怕是天蓝水清的生态环境了,这片区域的中心设计一个人工湖公园,代表着未来的品质,是一个超前几十年的规划。

这背后更深一个层次的意义是许多人没有想到的,那就是太平桥旧区与淮海路商业街的关系,由于人工湖的出现,城区的中心点发生了移位。太平桥旧区过去是依附于淮海路的后街居住功能区,现在,城区中心点从淮海路移到了人工湖公园,淮海路东段的 14 幢办公楼与湖滨路的"企业天地"办公楼共同成为人工湖北部的块状CBD 商务区。

这真是一着妙棋。

这着棋还不只是城市空间结构的变化,它的另一个重要功能是城市公共空间,具有教化民众行为习惯和新的思维方式、培育城市公共文化的重大作用。

太平桥地区的重建是个"新建筑"取代"旧建筑"的过程。石库门"原住民"相对收入低,人数却大大超过"企业天地"办公楼的白领和豪宅里的富裕一族。

（左上图）摄于 2000 年 2 月初，太平桥旧区中部正在拆房建湖。
（右上图）摄于 2000 年 6 月初，人工湖建成开始注水的第三天。两张照片的拍摄时间相隔 4 个月，但从历史的视角看，它们隔了近百年。太平桥首次城市化，是填河筑路建房，近百年后的再城市化，是拆房挖湖。
（下图）师法自然的人工湖。

同一区域里的富人与穷人、"新移民"与"原住民"怎样和谐相处是一门大学问，解决这一社会问题的途径是人与人多交流，心与心多沟通，最可怕的是不同阶层之间互相隔绝，互相猜疑，形成各自的圈子，酿成社会危机问题。一早一晚，"原住民"与"新移民"在人工湖畔跑步晨练，或黄昏散步、跳健康操，不同群体、不同阶层的融合是在潜移默化中进行的，现代城市文明与传统文化习惯是互相渗透、互相影响的，人工湖公园提供了相互融合的平台。

人工湖公园不只是城市社区的"绿肺"，它还是思想激荡、感情交融的空间，湖滨路和白玉兰岛几乎每月每周都有大大小小的音乐会、演唱会、时装发布秀、汽车时尚展。规模最大的要数每年12月31日的新天地倒计时迎新年晚会，万人聚首，全场齐声倒数"3、2、1"，迎接新年的到来，场面宏大，蔚为壮观。

太平湖周边的居民，无论是老弄堂里的"原住民"，还是豪宅里的"新移民"，若问他住在哪里，他们都会脱口而出：新天地，太平湖。居民的自豪感是一种文化认同，一种文化归属感。于是，开发商的麻烦来了，2010年搬迁一户"原住民"的动迁费相比2000年贵了10倍。因为"原住民"把太平湖的环境作为他们搬迁条件之一，太平湖边的晨练、晚歌已是他们生活的一部分，生命的一部分，想让他们离开如此美好的生活环境，开发商必须支付昂贵的代价，虽然"原住民"可能只有12平方米的老房子，但这种生活方式和环境是城郊再大的房子也换不来的。

这个社会现象提出了一个也许我们尚未思考过的重大问题：太平湖的资源姓什么？是公众可以共享的城市公共空间，还是豪宅的私家花园？现在许多开发商热心建人工湖，是否谁投资建设就属于谁？

新天地的总设计师伍德先生曾在上海的一次城市规划论坛上说，黄浦江岸边不该建造私人住宅，黄浦江、苏州河是城市的公共资源，可以建文化馆、博物馆、商场和餐厅等公共建筑，让公众来共享江景河景，不能成为私人豪宅的窗前景观。太平湖虽说是"无中生有"的人工湖，但它一出生就姓"公"了。因此，颇有现代意识的市政府作了一个正确的决定，由政府投资建湖，产权姓"公"，用了6亿元动迁"原住民"。瑞安公司赞助4亿元建设人工湖和公园绿地、地下车库，

万人聚首新天地，倒计时迎新年。　　　　　　　　　　台上与台下的互动。

并且承担长期的公园养护费，开发商得到的回报是人工湖周边土地的开发权。

政府、企业、民众三方找到了一个平衡点，追根溯源是中华民族中庸之道的智慧，是政治高度的中国智慧。

一着好棋在初始阶段并非所有的人都有这么好的眼光，当时瑞安公司董事几乎全体反对，香港地产界同行讥笑罗康瑞不像个商人，倒像个艺术家。人工湖公园加上湖滨路的占地面积达 5 公顷，大约可建 18 万平方米的住宅、办公楼，少说也可以赚几十个亿，但罗康瑞认准的事谁也拉不回头，人工湖工程就这么开工了。

太平桥的"挖湖之争"令人想起一百多年前的"外滩之争"。1869 年，上海在外滩形成初期曾发生过一场争论。从洋泾浜（今延安东路）到黄浦花园（今北京东路黄浦公园）的黄浦江西岸这段江堤，是用于散步的场地，还是用于停靠船只的码头、货栈？租界行政当局工部局广泛征询各方的意见。

大多数商人的看法是建码头、仓库，因为当时的贸易快速发展对仓库的需求量越来越大，商人们在商言商，入情入理。工部局没有轻易下结论，卸任的工部局董事金能享先生当时正在日本横滨，为此写了一封长长的信回来。他的看法独树一帜，他认为外滩的发展不能只看眼前的需求，现在的外滩主要做航运贸易，但航运业并不是商业的主要因素，它仅仅是附属行业之一，而银行、交易所才是商业的神经中枢，航运业带来的是噪音和尘埃，会吓跑银行和交易所。金能享预言，外滩的未来是上海的眼睛和心脏，将会有银行、证券交易所、金融大厦，一定要从现在就留出一大片空间，去建公园、建广场，让人们去散步、去交流、去思想、去欣赏美丽的江景的空间。工部局最终采纳了金能享的意见，才有了今日著名的外滩。黄浦江两岸的岸线很长，其他的地段大多是不知名的码头、仓库，唯独外滩闻名天下，全世界都知道它。

历史常有惊人的相似之处，相似的是规律：画了个圆回到了更高层次的原点。

2001 年 6 月 12 日，时任国家主席江泽民在上海市党政领导陪同下，参观中共一大会址，同时视察新天地、人工湖公园。

在领导人看来，拆了旧房可以建新楼，居民住房问题解决了，但是毁了一座城市的历史文化也是大事。现在中共一大会址旁边竟然保留了石库门，有了新的商业功能，不但不要国家掏钱保护，还能为国家缴税。石库门旧区竟然改造成了人工湖公园，真是奇迹。上海市政府、卢湾区政府特别安排罗康瑞先生在人工湖边的观景台向领导人介绍新天地，介绍人工湖开发的理念和实践。

当天，太平湖公园成为中央电视台和全国各大媒体报道的焦点新闻，全国各地政府机关、全国人民都知道了上海有片人工建造的"太平湖"。

太平桥人工湖以东还有大片的旧区有待改造，历史期待政府和开发商拿出更多的智慧和胆略去面对新的难题。太平湖不仅仅是城市生态和谐的地标，还应该是一个城市多样性的地标；不仅让人感到城市的美好，还可以感受到文明的震撼。

上海电视台每天的晚间新闻播完后，电视画面在音乐伴奏下出现了一个个上海地标性景观，不仅有外滩璀璨的江景，还有太平湖倒映城市之光的湖景，它们有异曲同工之妙。

站在人工湖畔，回望那片青灰色的石库门新天地，它是高楼包围中的一个"孤岛"，摩天大楼让人沉浸在城市现代化的成就感中，浑然不觉危机正在靠近。立于当下时空，不由让人仰望星空，思考未来。

进入 21 世纪，中国和西方国家都在寻找一条通往未来的路，各自走的道路却不同。欧洲、美国掀起了第三次工业浪潮，进入后工业时代，美国汽车城底特律

疑似银河落平湖。

在 2014 年宣布破产，美国政府随后又决定在底特律植入"钢铁侠"、3D 打印高科技新兴产业，复活这座老城，底特律的再城市化和"自工业化"是回到原点的螺旋式上升。欧洲、美国的再城市化在差异文化和创新思维的驱使下，探索着如何让历史建筑空间承载当代文明，通往未来的路似乎还是回到"原点"的再出发。

中国的工业化进入了社会化大生产时代，取得了惊人的成就。中国的城市化在趋同文化驱使下，采用复制方式，大拆历史建筑，大建新楼，收获了城市现代化。

但实际上，人们今天在每个城市看到的摩天大楼、景观大道、中心广场是对 19 世纪欧洲广场和 20 世纪上半叶美国城市景观的临摹，中国的新城似乎与欧美建筑一体化了。也许，20 年后的一代人会追问，中国每个城市的特色呢？我们自己的民族文化去了哪里？

　　新一轮的城镇化建设难道还是一路追随西方吗？也许，通往未来的路正是"回家"之路。回归原点，重新出发，新天地的实践已经给出了答案。

新天地成功之道

要让人讲话，让人讲不同的话；

视角丰富，才可能进入问题的核心；

真理常常是在各种意见的交叉点上；

创新的火花在撞击中迸发而出。

一

新天地的由来

具有法国巴黎建筑文化元素的淮海路，是上海市民最喜欢的商业街。

　　新天地的诞生和迅速走红曾被商界看作神话，解析其成功背后的原因，最好的办法是褪去光环，把神话还原到一部真实的历史。

　　时间要倒回到 1990 年的春天。

　　4 月 18 日，国务院总理专程来到上海，代表中国政府宣布浦东开发开放。中国政府的郑重态度显示了浦东开发不只是一座城市的决策行为，而是国家发展的战略安排。事实证明，浦东开发不仅改变了黄浦江两岸一边繁华一边寂寞的旧貌，更成为推动中国城市化大潮的第一波潮头。

　　黄浦江西岸是受益者，浦西早在 20 世纪上半叶已经完成了城市化，但在经历了半个世纪的风风雨雨后，早年生机勃勃的商业街、高楼大厦和绵延不尽的石库门街区开始褪色衰败，成了一座缺乏生气的老城，有待更新。

　　浦西乘势而上地启动了一波再城市化的潮涌。

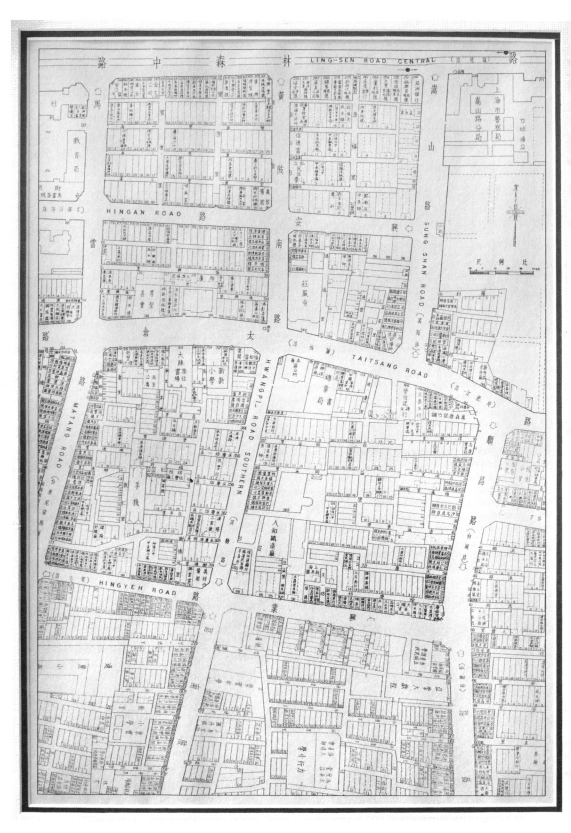

（左图）20 世纪 40 年代太平桥街
区平面图。
（右图）20 世纪 90 年代的太平桥
旧区农贸市场。

    1992 年,上海史无前例地开始修建第一条地下轨道交通线,标志着上海地铁时代的到来,地铁将重塑城市的空间结构以及人们的生活工作方式。

    城市半径的大小与交通工具的速度有很大关联,空间距离被地铁缩短了,郊区的土地迅速被城市化,中心城区一部分人的工作、居住、购物搬到了城郊的新城区,原来落后的边缘地带因为地铁通车而迅速发展起来,原先发达的中心城区可能出现衰退。

    不改变自己,就意味着被别人改变。

    卢湾区(后与黄浦区合并)、淮海路是历史形成的中心城区,规划中的地铁一号线会穿越淮海路地下。挑战与机遇同在,中心城区只有顺势而变,才能可持续地占据优势地位,淮海路需要经历一场翻天覆地的空间重构。卢湾区政府决定抓住地铁修在家门口的机遇,彻底改变淮海路传统商业模式,呈现现代商业业态。区政府用行政手段对两公里长的淮海中路商业街实施"休克疗法":所有的商店停业,车辆禁行,马路全部翻开深挖,铺设地铁的混凝土沉管。政府将淮海中路东段一公里长的临街旧房全部拆除,建造 14 幢办公大楼,形成中央商务区。

    新地铁、新商业会给淮海路两侧后街上大片石库门住宅区带来什么影响? 优势资源的组合需要更大的发展空间。

卢湾区区长找来了区规划局局长，让他去考虑淮海中路东段南部一平方公里的石库门旧区重建思路，这个旧区改造项目起名叫"太平桥旧区重建计划"，新天地就在其中。

首先要考虑的是这片旧城区的功能定位。20世纪初，这片区域在第一次城市化时，法租界当局的规划定位是居住功能，配以一些社区商业。旧区重建的规划思路是否沿袭法租界当局的功能定位，拆了石库门建新住宅，解决市民迫切的住房难问题？

解决住房难是最大的民生，最容易得人心、民心，出政绩。

这届区政府没有跟随当时急于"旧貌换新颜"的社会思潮，而是冷静地思考如何配合市政府确定的城市发展战略：上海要从工业经济向国际经济、贸易、金融中心的服务业经济转型，中心城区不是郊区，它需要体现国际经济中心的功能和国际大都市的崭新形象。卢湾区委、区政府对这片旧城区重建制订了一个规划远景目标：到21世纪不落后。

1992年，上海的再城市化进程处在"摸着石头过河"的探索时期，对发达国家的城市化经验也是一知半解，政府规划部门所掌握的知识已经无法满足城区转型发展的要求，本地的建筑设计师刚刚达到设计单幢建筑的水平，还不具备区域规划设计的能力，能否以前瞻性的眼光和专业知识对太平桥旧区重建做一个高水平的设计规划，将影响到未来上海中心城区的转型发展。具有开放心态的卢湾区委、区政府做出一个大胆的决定，太平桥旧区重建规划对外开放，请国际上最优秀的城市设计师来担纲设计，大胆地包容发达国家的先进理念和技术。

当时的区政府缺少国际人脉关系，也缺少选择国际优秀建筑设计师的鉴别力，区领导想到了一个人，一个可信赖的朋友——香港瑞安集团董事长罗康瑞。

机遇来敲瑞安公司的门了。

罗康瑞当时正年轻，是香港"十大杰出青年"之一，与上海共青团组织有过交往。他们第一个合作项目是位于市中心陕西路上的"城市酒店"，合作的过程相当愉快，配合默契，双方都留下了美好的印象。时任卢湾区区长正是当年的团市委书记、城市酒店项目的合作伙伴代表。

创建新天地时期的罗康瑞，温文尔雅。在中国的干部眼里，他有很好的国际人脉关系，而在欧美企业家眼里，他很会与中国内地政府打交道，有着很好的政府人脉关系。

　　城市设计师是一个笼统的说法，细分为建筑设计师和城市区域规划师。城市并不是建筑物的堆砌，把单体建筑加起来不等于城市。建筑师和规划师是完全不同的两个概念，前者聚焦在建筑上，后者聚焦在城市上。优秀的建筑师能把一栋楼建得非常漂亮，但是干不了区域规划的活，区域规划是一个涉及人们工作、生活方式以及城市文化等等更为复杂的设计。

　　我国一些城市政府部门在规划几平方公里乃至几十平方公里的新城区时，由于缺少城市设计的理念，常常慕名邀请来一些世界著名建筑师，因为不是城区规划师，所以吃了大亏。新区的每栋单体建筑很漂亮，但整个城区缺少内在的有机联系，事后连补救的机会都没有，例如上海的某某金融贸易区。

　　做对事，首先要找对人。

　　罗康瑞受区长重托，动用自己的国际人脉关系，请到了国际上著名的城市规划设计事务所——美国 Skidmore Owings & Merrill 有限责任合伙公司（以下简称 S.O.M 公司），并且挑选事务所最优秀的城市规划师担任首席设计师。S.O.M 公司是国际上闻名的城市规划专家，他们的过人之处在于前瞻性，并且有能力把政府提出的宏观远景目标进行演绎，高水平地设计出具体的城区规划。

区政府的宏观目标是"到 21 世纪不落后"，这是一个很笼统的方向和目标，21 世纪有一百年，是到哪年不落后？是到 2001 年不落后还是到 2020 年不落后？

也许有人会问，这有什么不同吗？

时间相差 20 年，差别可大了！如果到 2001 年不落后，太平桥旧区重建比较适用现代主义城市模式，其特点是城市功能分区。上世纪 90 年代，上海的汽车工业很落后，老城区呈现生产、居住、购物"搅"在一起的混乱状况：楼下机器声隆隆，楼上居民炒菜洗衣服，隔墙可能是小学课堂、托儿所，也可能是商店小卖部、泡开水的"老虎灶"……当时上海市民心目中的现代化是生产区、生活区、购物区、娱乐区等各功能区分开；人人梦想的大房子是客厅、卧室、书房、餐厅、厨房各功能区分开，夫妻孩子三口之家与老人分开居住。老百姓做梦都想着有私人汽车。城市发展的趋势是人们梦想和欲望的结果，因此，城市改造的方向是城市空间结构从"合"走向"分"。

现代城市主义曾经是美国的主流城市模式，汽车主导、功能分区，城市道路方便汽车不方便人。上世纪 90 年代中期，上海的私人汽车还没有发展起来，街上的小汽车多数是政府官员的公车，但是 S.O.M 公司的规划师估计，按照当时上海的汽车工业发展速度，用不了一二十年，上海马路上的汽车就会多到成灾的程度，成为一个令人心烦的堵车、废气弥漫的城市。到那时，市民将从爱汽车转向烦汽车，人们的梦想又变了，限制汽车、倡导步行将成为新时尚。区政府的远景规划如果是到 2020 年不落后，城市空间的规划设计不应该是方便汽车，而应该是方便人步行，适应人们"工作与生活相融合"的生活方式，城区规划应该采用"步行优先，公共交通便捷，城市功能合理混合"的新城市主义模式。

所谓的前瞻性，就是预见 10 年 20 年后上海会发生什么。社会在进步，历史在前进，今天看来是进步的事情，明天或许过时、落后，甚至可能异化成它的反面。远见卓识就是当所有人还在热衷于做同一件事时，你已看到了这件事的后果，并找到了解决问题的办法。

S.O.M 公司反复思考、掂量，认为美国 20 世纪 80 年代刚刚兴起的新城市主义理念，"套"在太平桥旧区重建项目的"身"上，比较适合，因为中心城区的定位是发展现代服务业，不是工业。这片城区重建后的空间结构应该是"合"，而不是"分"。

这个跨越式发展的城区重建规划方案得到了政府和瑞安公司的认同。

从 1992 年提出规划构思到 1996 年形成太平桥旧区重建规划，用了四年时间，再到 1999 年 1 月正式开工建设，整整是六年多时间。但这个规划确定之后，至今已有 18 年没有变动过，而且随着时间推移，愈发显示出这个规划的生命力、前瞻性和科学性。

一个出色的城区规划设计，有时需要两届政府，甚至三届政府才能完成，本届政府要甘愿为下届政府当铺路石，为他人作嫁衣裳。当下中国一些城市规划的弊病在于本届政府太急，急于出政绩，缺乏前瞻性，计划赶不上变化。一些政府的决策层希望自己的城市快点变化，变成什么样的目标并不清晰，"变"和"快"成了目标。

同一时期，瑞安公司应邀参与上海另一个行政区的一片几十公顷土地的旧区改造，由于当地政府急于城区旧貌换新颜，提出了"当年规划、当年动迁、当年开工、当年见形象"的要求。为了配合政府的目标和要求，瑞安公司邀请的建筑设计师快速做了单一功能的现代住宅小区的设计，其规划理念来自美国主流城市模式，提供的是工作、生活相分离的生活方式。对于混乱不堪的棚户简屋区进行改造，"分"是必须要走的第一步，解决老百姓住房难是当务之急，问题在于当地政府太急，前瞻性不够，没有在这片土地上放进新兴产业，体现产城一体化，也没有为这片城区的品质提升预留发展空间。

2004 年，当工作与生活相融合成为上海人新的时尚生活方式，太平桥新城区的办公、居住和休闲融为一体的社区发展模式被人们普遍认同，成为国内许多城市学习的典范。新天地板块的房价不断上涨是其价值的体现。

2005 年，上海提出加快现代服务业建设的目标，市政府在全市范围评选最有代表性的现代服务业集聚区，结果"太平桥"名列榜首。

2010 年，绿色出行成为上海低碳生活新时尚，太平桥新社区又成为"步行优先，公共交通便捷"的典范。

功能混乱的旧城区重建的一般规律：先将城市功能区分开，变成新城区，再向功能区合理混合的城区演变，这个螺旋式演变的过程是漫长的，也许几十年。S.O.M 公司对太平桥旧区重建的规划是两步并作一步走，一步到位地采用了"步行优先，公共交通便捷，功能区合理混合"的城市发展模式，其中最出彩的是新天地和人工湖公园。

新天地，新城市主义的婴儿。

新天地又与地铁的出现有着密切关系。地铁不仅带来了城市面貌的改变，还带来时间概念的改变，城市生活的节奏越来越快。慢与快相随，休闲是城市快节奏中的慢生活，是一种自我平衡。如同高速公路不宜猛踩急刹车，休闲是快车道上的点刹车。

新天地是城市快节奏的产物——休闲时尚，是上海地铁时代的果实。

太平桥旧区重建规划占地 52 公顷是怎样确定的呢？圈地的"剪刀"是如何裁剪的？为何不是 100 公顷或是 30 公顷？

数字在这里是有特别意义的。

上海自从 1990 年虹桥地区第一块土地批租后，政府往往是把旧城区的土地切成一块一块，分别标注商业地块、住宅地块、工业地块，批租给不同的开发商。这种土地出让方式有一些弊端，各开发商的理念不同，想法不一致，结果做出来的地产项目相互"打仗"不配合，新城区运转起来后矛盾相当多，给人们的工作和生活造成了不少麻烦和障碍。

这样的结果让政府重新思考城市开发模式，国际上先进的"城市社区"概念进入了政府的视线。

太平桥旧区重建的规划设计就是采用城市社区的概念。城市社区是包容了办公、商业、住宅、文化、娱乐、学校、医院等多种功能整合的城区，它们相互联系，有机地组合在一起。

没有大体量的开发地块是难以实现办公、商业、居住等多功能城市社区的建设目标的，新的太平桥城市社区应该有多大的占地面积呢？

太平桥旧区的北部边界是淮海路商业街，顶到头了；东部是西藏路，与黄浦区相邻，不可能跨界；西部是成都路高架道路，一道天堑拦死了，唯有向南延伸。若一刀切到徐家汇路、建国中路，这个旧区重建项目占地达 1 平方公里，卢湾整个行政区才 7.2 平方公里，占了整个行政区七分之一的面积，交给一家地产开发商去开发运作，而且是香港企业，上海尚属首例，区政府没有这方面驾驭和管理的经验，承受的政治风险、经济风险比较大；或者一刀切在复兴中路，"太平桥"项目大约有 40 公顷土地，但 S.O.M 公司规划了一个 4 公顷人工湖，湖的南部就显得太薄，建不了多少住宅，人工湖的边际效应可能会被后来的开发商沾光，对瑞安公司不公平。最后，区政府从两个方面考量土地面积：一是旧区改造的目标是二级"旧里"，石库门旧里弄主要集中在合肥路以北的区域，这是最完整、最上品的一块"纯精肉"；二是太平桥旧区重建的开发资金预测是三四百亿，瑞安公司当时的资产不过几十亿，也担心吃不下这么大的一块"肉"。区政府与瑞安公司双方协商，确定南面的边界在合肥路，这是"太平桥"重建项目占地 52 公顷背后的故事。

太平桥旧区重建规划，在 1997 年获得上海市政府规划局的批准。

正当太平桥旧区重建项目进入启动之时，1997 亚洲金融风暴席卷而来，香港的地产开发商和银行纷纷抽资自保渡难关。上海的房地产市场进入低迷状态，太平桥旧区重建项目在疾风骤雨中启航，按照香港商业地产的一般规律，开发商从住宅和商业商务项目开始动工，通过滚动式开发获得的资金，再投资开发休闲商业区、人工湖绿地。

但是，一个政治因素改变了太平桥旧区重建项目的时序。1998 年，上海市委、市政府的决策层在部署中共建党 80 周年庆祝活动和上海承办 2001 年 10 月联合国亚太经济合作组织（APEC）会议的准备工作时，中共一大会址纪念馆周边旧石库门街坊的重建项目被拿到了市一级决策层作了重新思考：2001 年的 7 月和 10 月，中共一大会址将成为国内外政界、媒体关注的热点，需要提前对中共一大会址的前后两个石库门旧街坊进行改造，使之面目焕然一新，体现中国改革开放 20 年的城市形象。经过政府和瑞安公司双方磋商，决定暂缓住宅开发，先启动历史风貌保护区建设。

在当时亚洲金融危机的形势下，瑞安公司完全认同这一重大调整的合理性，从经济角度看，既可规避当时的市场风险，又能通过历史风貌保护区的建设，提升太平桥地区的知名度。

中共一大会址是国家一级文物保护单位，上海市委、市政府指示市文物管理委员会介入，对这个开发性保护项目行使监督权。当时上海市文管会已经具备了一些先进国家的文物保护理念，认识到保护中共一大会址不仅要保护旧址建筑，还要保存周边的环境和历史文化氛围，即中共一大会址建筑的周围不准建高层建筑，周边建筑的样式、风格必须与一大会址历史建筑一致，仍旧保留石库门历史建筑。

市文管会一系列保护性的规定，把开发商瑞安公司逼进了"死弄堂"，拆了石库门只准再建石库门，容积率只有1.8。动迁两个街坊2300户居民需要近7亿元人民币，改造费用超过7亿元，总投资14亿元，每平方米的老房子改造成本远远超过了当时上海新建公寓的房价，况且21世纪的上海市民未必喜欢住石库门新房子！业界的同行们纷纷摇头，这让开发商怎么做？

创新常常是被逼出来的。罗康瑞先生就是这样，他在"围城"中，一下子想起先前见过的许多欧美国家城市的老城区，老城中常有一些具有城市历史风貌的老街，路边开设着酒吧、餐厅、咖啡馆，让国内外游客在路边餐馆、酒吧坐坐，喝喝咖啡，品尝当地美食，感受这座城市的过去和现在，感受其特有的当地文化氛围。他自己经常在世界各地走，每到一个城市最大的兴趣不是去看摩天大楼，而是去逛逛这座城市的老街，从这些老房子看这座城市的历史，看它的文化特色、经济水平。法国巴黎有圣日耳曼街，美国旧金山有渔人码头，日本东京有银座后街，那么上海呢？上海为何不能建一个反映城市历史文化的老街？

中共一大会址前后的石库门街坊不正是一个见证上海城市发展历史最佳的地方吗？

也许上海最有代表性的历史建筑不仅是外滩的高楼、南京路商业街，还有石库门！外滩、南京路的洋楼是舶来品，而石库门是上海的独创，个性鲜明。走出"围城"的罗康瑞看到的是一条开发石库门历史建筑的大道，这条大道风光独特但风险很大，

法国巴黎圣日耳曼街著名的"花神"咖啡馆。

或许有人曾路过但错过了，或许有人曾来过但知难而返、半途而废了。罗康瑞为自己的发现感到激动，他决定走下去。

这仅仅是一个想法、一个灵感、一种冲动，不等于能把它做出来变成现实，还需要"贵人"相助。罗康瑞把目光转向世界，在太平洋彼岸的美国，有两家建筑设计事务所 Thompson & Wood 和 Wood & Zapata 进入他的视线。这两家设计事务所在上世纪 80 年代和 90 年代做过许多优秀的城市旧建筑改造项目，最著名的是把美国波士顿一个 18 世纪的历史建筑改造成时尚休闲景区 Faneuil Hall Marketplace，成为国内外游客必到的旅游景点，连附近的哈佛大学、麻省理工学院的学生聚会也喜欢放在那里。这两个著名设计事务所里有一个重量级的人物叫本杰明·伍德（Benjamin Wood）。

本杰明·伍德先生在历史建筑改造方面很有造诣，其观点相当精彩，他解释 Faneuil Hall Marketplace 之所以成功，并被世界上其他地区仿效，就在于创造了一个特色鲜明的城市标识。文化是城市发展中最重要的因素，必须尊重城市的遗产和过去，一个城市的未来，是其过去的合乎逻辑的延伸。

伍德不赞成在旧城区重建中将所有的旧房屋都拆掉，也不赞成把原先死板的建筑都保留下来。他认为一个城市对新旧事物要有所取舍，一些房子要拆掉，一些要保留，一些要新建，在需要保留的旧建筑后面建新建筑，从旧逐渐过渡到新，可以让人看到历史前进的轨迹。

罗康瑞非常欣赏伍德这些深刻精辟的观点，专程飞去美国与他见面，经过一段时间接触和沟通，罗先生心里感觉伍德先生是他寻找的"贵人"。

两人有过一场十分有趣的谈话。

伍德说，建筑形式也有它的生命周期，没有改变，它就会随着时间而枯萎，甚至死去。如果一种建筑形式要存活几百年，甚至更长时间，没有更新和赋予新的内涵是不可思议的。

伍德又说，如果把石库门修复后再让人住进去，像博物馆一样，只会被历史所淹没。而我们需要的做法却是创造另外一部历史，让石库门从私人空间走向公众共享，让更多的人感受石库门文化的过去，参与它的现在，见证它的未来。

这正是罗康瑞想要的东西！

伍德进一步说，新天地要保留的是很中国化的建筑要素，如极为简单的黑色门扉、百叶窗、门上扣环、黛瓦、青砖墙等等，而不是原封不动地保护一幢一幢石库门房子。生命就是改变，社会在改变，建筑也要改变，一成不变的事物会使人感到乏味，我们不是重复历史，而是创造新的历史。

借助这位西方杰出建筑设计师的眼光，罗康瑞仿佛站在巨人的肩膀上看到了一个新的世界：原来，老城区的历史建筑是一座丰富的矿藏！但不是所有的石头都是矿石，需要开采、提炼、加工，让它成为建设新城区的重要资源。

站在西方回头看中国，内心的需求变得更加清晰。罗康瑞说，新天地实质上是构筑城市的一个聚会地点，营造一个在上海最有创造力、最有活力、最具娱乐性、最善应变的环境，新的美食、新的音乐、新的服饰、新的媒体。即新的生活方式都会在这里出现，这个聚会点不仅汇集中国国内的精英，而且还有来自世界各地的人才。

伍德表示赞同，两人一拍即合，一个东方商人与一个西方建筑师的智慧火花碰撞，要让石库门由平凡变为不凡。

新天地之梦就是这么开始了。

（左图）美国波士顿 Faneuil Hall Marketplace 是照片正中央一座暗红色楼房，原先是码头上废弃的旧仓库，建筑师本杰明·伍德把它改造成为餐饮、零售、娱乐的休闲场所，成为美国著名的历史建筑承载当代时尚生活的成功典范。

（右图）本书作者在 Faneuil Hall Marketplace 内留影。

新天地的总设计师本杰明·伍德先生。

太平桥地区石库门街坊概况一览表

			107 地块		
编号	名称	地址	时间 / 年	户数	占地面积 /m²
1	鸿仪里	太仓路 138 路、兴安路 15 弄	1912—1936	23	
2	富星里	太仓路 110 弄	1931	10	580
			108 地块		
编号	名称	地址	时间 / 年	户数	占地面积 /m²
1	吴兴里	黄陂南路 300、310 弄及马当路 91、101 弄	1914	82	5580
2	尊善圣会	太仓路			
			109 地块		
编号	名称	地址	时间 / 年	户数	占地面积 /m²
1	永庆坊	黄陂南路			
2	树德北里	黄陂南路 374 弄兴业路 80 弄	1911	21	1446.7
3	敦仁里	马当路 117 弄			
4	福芝里				
5	聿德里	黄陂南路 344 弄	1933	28	920
6	昌星里				
7	居仁里				
8	大华里				
9	福寿里	太仓路 191 弄	1917	4	406.7
10	明德里	马当路 139、147 弄	1923	34	2733.3
11	吉平里				
12	敦仁坊	马当路 117 弄	1923	10	853.3
13	勤余坊	马当路 111 弄	1917	10	406.7
14	慈云坊	兴业路 96 弄	1919	11	726.6
15	树德里	黄陂南路 374 弄			
			110 地块		
编号	名称	地址	时间 / 年	户数	占地面积 /m²
1	法益里	兴业路 54 弄	1925	7	1233.3
2	余庆坊	顺昌路 68 弄	1930	26	1633.33
3	吉益东里	太仓路 119 弄	1914	45	5580
4	福盛里	顺昌路 30 弄	1930	4	446.7

编号	名称	地址	时间/年	户数	占地面积/m²
5	长德里	顺昌路 24 弄	1926	12	680
6	德胜里	顺昌路 10 弄	1925	18	706.7
7	延庆里	太仓路 121 弄	1911 前	5	720
8	吉益里	太仓路 119 弄	1914	45	5580
9	天一坊	兴业路 40 弄	1922	7	573.3
10	同益里	黄陂南路 337、349 弄	1929	15	1566.7

111 地块

编号	名称	地址	时间/年	户数	占地面积/m²
1	承庆里	顺昌路 108 弄	1928	71	5140
2	辑五坊	自忠路 210 弄	1925	61	7360
3	紫祥里	自忠路 244 弄	1925	20	700
4	均益里	黄陂南路 429 弄	1923	25	2386.7
5	信德里	黄陂南路 419 弄	1912—1936	8	446.7
6	云盛里	黄陂南路 381 弄	1912—1936	4	1020
7	顺昌里	兴业路 31、41、51、61 弄	1914	24	2093.3
8	峰德里				

112 地块

编号	名称	地址	时间/年	户数	占地面积/m²
1	永安里				
2	望德里	黄陂南路 430 弄	1919	18	2053.3
3	仁寿里	兴业路 139 弄	1929	23	1780
4	敬喜里	兴业路 151 弄	1929	6	193.3
5	仁吉里	自忠路 322 弄	1929	63	4766.7
6	汇丰别墅	黄陂南路 458 弄	1938	15	1546.7
7	树德北里	黄陂南路 374 弄 兴业路 80 弄	1911—1916	21	1446.7

113 地块

编号	名称	地址	时间/年	户数	占地面积/m²
1	西湖里	自忠路 317 弄	1928	98	7373.4
2	慈安坊	合肥路 394 弄	1924	48	4146.7
3	萍渔里	复兴中路 328 弄	1925	9	660
4	永裕里	复兴中路 320 弄、自忠路 307 弄	1925	17	2126.7

（续表）

编号	名称	地址	时间/年	户数	占地面积/m²
5	承遂里	黄陂南路 482 弄	1924	9	720
6	敦仁里	马当路 257 弄	1925	7	513.3

114 地块

编号	名称	地址	时间/年	户数	占地面积/m²
1	天和里	自忠路 239 弄	1922	104	13333.4
2	福康里	复兴中路 250 弄	1921—1936	30	2306.7
3	三裕里	复兴中路 234 弄	1921—1936	12	
4	三庆里	顺昌路 180、206 弄	1911	80	4993.3
5	瑞康里	自忠路 219 弄	1931—1936	13	793.3
6	广明里	复兴中路 288	1921—1936	17	1160
7	三让里	顺昌路 170 弄	1921—1936	34	560
8	桂福里	顺昌路 135 弄	1929	22	2220
9	瑞清里	自忠路 255 弄	1921-1936	3	380

115 地块

编号	名称	地址	时间/年	户数	占地面积/m²
1	瑞华坊	复兴中路 285 弄	1920	79	6520
2	安吉里	合肥路 168 弄	1921—1936	10	973.3
3	光明村	南昌路 278 弄	1921—1936	12	1953.3
4	菜市坊	顺昌路 302 弄	1927	15	1240
5	成裕里	复兴中路 221 弄	1923	41	5906.7
6	冠华里	复兴中路 239 弄	1920	38	3226.7
7	维厚里	复兴中路 263 弄	1919	26	3026.7

116 地块

编号	名称	地址	时间/年	户数	占地面积/m²
1	桂云里	济南路 242 弄	1923	14	886.7
2	松庆坊	济南路 232 弄	1919	23	1433.3
3	星平里	顺和 279 弄 26—36 号	1926	12	1046.7
4	仁寿里	兴业路 139 弄	1929	23	1780
5	贤成里	肥路 14 弄	1911	36	1113.3
6	树德里	济南路 260、270 弄	1903	31	1953.3
7	树祥里	顺昌路 279 弄 15—25 号	1931	11	1000
8	瑞康里	顺昌路 279 弄 72—79 号	1935	8	466.7
9	鼎兴里				
10	东申里	合肥路 64 弄	1923	2	466.7

编号	名称	地址	时间/年	户数	占地面积/m²
11	延寿里	顺昌路 325 弄	1923	1	440
12	德祥里	合肥路 82 弄	1928	1	453.3
13	祥生里	合肥路 14 弄 34—36 号		5	526.7
14	贤成里	合肥路 14 弄 2—32 号、48—52 号	1921	22	2586.7

117 地块

编号	名称	地址	时间/年	户数	占地面积/m²
1	泰和坊	自忠路 163 弄	1919	24	3480
2	停云里	复兴中路 160 弄	1919	62	5493.4
3	文贤里	复兴中路 170 号	1922	14	806.7
4	务本坊	复兴中路 182 弄	1932	4	460
5	合忠坊	复兴中路 188 弄	1921	22	746.7
6	受福里	顺昌路 205 弄	1920	51	5146.7

118 地块

编号	名称	地址	时间/年	户数	占地面积/m²
1	永安里				
2	望贤里	吉安路 164 弄	1921—1936	11	760
3	光裕里	吉安路 144 弄	1921—1936	42	3660
4	昌兴里	吉安路 126 弄	1921—1936	6	1340
5	荣生里	东台路 156 弄	1921—1936	28	2040
6	祥成里	自忠路 93 弄	1921—1936	7	813.3
7	信平里	自忠路 121 弄	1921—1936	10	1053.3
8	宝安坊	自忠路 131—159 弄	1921—1936	13	
9	善安里	济南路 165 弄	1921—1936	2	
10	宝善里	济南路 173—175 弄	1921—1936	1	
11	喜安里	济南路 185 弄	1921—1936	2	
12	景安里	济南路 185 弄	1921—1936	28	3433.3
13	绍安里	济南路 207、217 弄	1921—1936	5	1026.7
14	久安里	济南路 225 弄	1921—1936	6	680
15	德仁里	复兴中路 126 弄	1924	16	1486.7
16	善德里				
17	福临里	复兴中路 106 弄	1921—1936	49	2813.3
18	印兴里				
19	德明里	自忠路 99 弄	1928	14	1080

119 地块

编号	名称	地址	时间 / 年	户数	占地面积 /m²
1	永康里	济南路 243 弄	1905	16	1206.7
2	平济里	济南路 275 弄	1921	21	1606.7
3	高升里	济南路 166 弄	1915	19	520
4	德诚里	肇周路 146 弄	1908	18	986.7
5	志成里	肇周路 126 弄	1926	34	2573.3
6	昌平里	吉安路 328 弄	1931	12	566.7
7	丹凤里				
8	锡祥里	复兴中路 87 弄	1921	52	1273.3
9	源成里	复兴中路 113 弄	1915	58	5246.7

120 地块

编号	名称	地址	时间 / 年	户数	占地面积 /m²
1	黎阳里	西藏南路 508 弄	1912—1936	4	342.7
2	纯德里	西藏南路 528 弄	1912	52	3346.7
3	得意里	东台路 343、339、349 弄	1922	19	1673.3
4	瑞安坊	肇周路 40 弄	1912	12	
5	仁本里	西藏南路 528 弄支弄 56 号	1921—1936	3	620
6	天佑坊	肇周路 26 弄	1921—1936	15	733.3
7	惠朝里				
8	永安里	复兴中路 23 弄	1904	1	260
9	羊尾里				
10	三瑞里	复兴中路 73 弄	1915	9	513.3
11	德祥里	肇周路 78 弄	1921	29	2626.7
12	务本里	东台路 284 弄	1927	8	1000
13	天籁坊				
14	厚德坊	肇周路 200 弄 148—175 号	191—1936	26	2606.7
15	有余里	复兴中路 7 弄	1930	5	146.7
16	余庆里	西藏南路 528 弄 49—53 号	1912	5	153.3
17	绍益里	吉安路 303 弄	1912—1936	1	233.3

			122 地块		
编号	名称	地址	时间 / 年	户数	占地面积 /m²
1	兴安里	自忠路 15 弄	1927	17	2726.7
2	全裕里	西藏南路 412 弄	1928	27	1860
3	敦仁里	西藏南路 426 弄	1928	5	680
4	崇善里	西藏南路 438 弄	1921—1936	10	693.3
5	如意里	西藏南路 454 弄	1929	8	700
6	仁寿里	东台路 167 弄	1928	4	713.3
7	安纳坊	东台路 177 弄	1928	7	706.7
8	永安里	复兴中路 32 弄	1923	5	1260
9	紫阳里	复兴中路 64 弄 1—9 号	1935	11	7793.4
10	梅泉里				
11	荣生里	东台路 156 弄	1921—1936	28	2040
12	文德里	吉台路 163 弄	1921—1936	10	700
13	吉祥里	吉安路 125 弄	1921—1936	8	
14	大华里	自忠路 37 弄	1929	26	3726.7
15	仁德里	吉安路 121、123 弄	1921—1936	14	2173.3

			123 地块		
编号	名称	地址	时间 / 年	户数	占地面积 /m²
1	鼎昌里				
2	保安里	东台路 9 弄	1936	16	1166.7
3	元吉坊	东台路 29 弄	1921—1936	8	633.3
4	如意坊				
5	文元坊				
6	元声里				
7	承德里	浏河口路 15 弄	1915	6	526.7
8	富裕里				
9	振华里	马当路 301 弄	1928	45	6193.3
10	敏慎坊	西藏南路 346 弄	1915	1	860
11	鸿富里	西藏南路 356 弄	1932	27	1686.7

			124 地块		
编号	名称	地址	时间 / 年	户数	占地面积 /m²
1	鼎祥里	浏河口路 57 弄	1912—1915	35	2180
2	长安里	金陵中路 257 弄	1910	21	1953.3

(续表)

编号	名称	地址	时间 / 年	户数	占地面积 /m²
3	福源里	自忠路 60 弄	1913—1921	54	3440
4	乐义里	东台路 88 弄	1913	35	1813.3
5	恒德里	东台路 16 弄	1910	24	1460
6	怀笙里				
7	益寿里	崇德路 45 弄	1911 前	3	180
8	康宁村	东台路 36 弄	1936 前	3	120

126 地块

编号	名称	地址	时间 / 年	户数	占地面积 /m²
1	庆平坊	崇德路 119 弄	1923	41	2226.7
2	培福里	崇德路 91 弄	1927	36	3860
3	兰馨里				
4	同吉坊	济南路 105、113、125 弄	1908	35	1533.3
5	敦让里	自忠路 98 弄	1912	8	540
6	新福里	吉安路 78、80 弄	1912	9	1346.7
7	义业里	吉安路 20、28、36、40 弄	1920	24	2320
8	益润里	崇德路 79 弄	1925	11	646.7
9	顺元里	吉安路 60 弄	1920—1926	17	806.7

127 地块

编号	名称	地址	时间 / 年	户数	占地面积 /m²
1	人杰里	顺昌路 69 弄	1928	5	680
2	仁麟里	崇德路 153 弄	1928	16	1260
3	新华村	崇德路 143 弄	1937	16	1286.7
4	良善里	济南路 24 弄	1931	8	713.3
5	庆安坊	济南路 64 弄	1924	6	793.3
6	永安里	顺昌路 89、99 弄	1927	39	2906.7
7	永辰里	济南路 78 弄	1929—1936	15	713.3
8	怀本里	顺昌路 111 弄	1928	12	1426.7
9	耕云里	济南路 96 弄	1929	5	873.3
10	康吉里	济南路 106 弄	1917—1931	18	1713.3
11	桂福里	顺昌路 135 弄	1929	22	2220
12	松柏庐	济南路 124 弄	1931	1	580

（续表）

编号	名称	地址	时间/年	户数	占地面积/m²
13	涵泽里	自忠路162弄	1926	8	646.7
14	积善里	顺昌路141弄	1924	6	1160

128地块

编号	名称	地址	时间/年	户数	占地面积/m²
1	仁义里				
2	逢伯里	太仓路33弄	1924	3	686.7
3	同福里				

129地块

编号	名称	地址	时间/年	户数	占地面积/m²
1	元庆里				
2	正安里				

一场文化之争

喷泉广场北面一幢石库门楼房，改造之前的衰败模样。旧建筑木柱腐烂，青砖墙酥松，需要脱胎换骨的改造才能变为新商场。

梦想是一码事，梦想成真是另一码事。

今天的中国，不缺梦想，也不缺金点子，但许多好主意一直停留在想法阶段，做不下去，真的能把想法变成现实的人并不多。做成一件事需要很强的执行力。执行力是一种力量，是要把个人的梦想变成一个群体的梦想，成为一种必胜的信念，大家都相信它是真的，而后汇聚起方方面面的资源，共同朝着一个方向推进，直到梦想成真。

要在衰败的石库门弄堂里装进现代休闲生活是很不容易的。1914 年时期的地产开发商给予石库门弄堂的寿命仅仅 50 年，经过七八十年的过度使用且又缺乏维护保养，这些老房子早已过了寿命期，动迁时才发现这些旧建筑内部的木柱根部已腐烂，已支撑不住整座房子的承重，仅仅是依靠房子自身结构的互相拉扯、互相借力勉强支撑着，稍稍用力便有散架的危险；而青砖墙的外立面有些部分已经酥松、空心化，雨水过猛或梅雨季节，潮气就会透过砖墙由外而内地渗入居民家里。

旧石库门建筑像盏即将熄灭的油灯，苟延残喘。

面对破旧的石库门弄堂，不少地产开发商有过想法但没办法，只好退缩了。

最大的难度还不在于技术问题，而在文化层面。绝大多数市民希望逃离石库门住上新房子，政府部门顺应民意，解决紧迫的民生问题，开始大拆石库门，腾出土地建新房。而呼吁保护石库门的建筑专家，思维方式局限于保护文物的老套路，但旧石库门并不属于文物范畴，大量的石库门老房子所需的保护资金是个天文数字，让政府出资显然行不通。

中共一大会址是国家一级保护文物，政府安排了市文物管理委员会（简称文管会）来评估和监管一大会址前后两个旧石库门街坊的改造过程。

新天地与一大会址是"唇齿相依"的关系，新天地开发项目的成功与否关联到一大会址的声誉和政治影响。于是，对两个石库门街坊如何改造，专家们各抒己见，文物专家与瑞安开发商、文物专家与建筑专家、建筑专家之间展开了一场文化大讨论，各自观点分歧相当大，也相当尖锐。

让大家把话说出来，让大家说不同的话，不看领导的脸色说话，不搞一言堂，这就是创新的环境，新天地就是在这种争论的气氛中诞生的。

这场文化之争开启了一扇对历史建筑文化认知的大门，对上海之后十年的城市建设产生了极其深远的积极影响，诞生了田子坊、八号桥、思南公馆、步高里等各类差异化的老建筑改造方式。

不同观点的交锋，最终聚焦于本杰明·伍德提出的石库门改造方案。改变石库门原先的居住功能，赋予它新的商业功能；对历史建筑只是保留一层外壳、一层皮，即石库门建筑的元素：清水砖墙、石料门扉、百叶窗、黛色屋瓦，而石库门内部空间为了适应咖啡馆、餐厅等经营场所的要求，必须改造成宽敞的共享空间。

一些上海本地建筑专家、文物专家表示不同意见，他们认为，保护中共一大会址周边的历史文化环境，关键在于保护并保留石库门的历史风貌。一位专家说，风貌，风貌，不能仅仅保留石库门的外貌，还要保留石库门的风情。房屋记载着它从建成到使用过程中的所有历史信息，包括居民的生活方式和弄堂文化，这就是石库门风情。最彻底的保护就是回归居住功能，改造后的石库门房子继续让老百姓居住，但要适应现代都市生活方式，把独用卫生间、厨房和空调机放进旧石库门。

新天地的总设计师本杰明·伍德解释他的设计理念说，如果把石库门修复后再让人住进去，就会像博物馆一样，游客拍个照就离开了，而我们需要的做法是创造另外一部历史，让石库门复活，里面是全新的生活。

伍德的观点如同清水泼进热油锅，激起一片激烈的反响。

一些石库门保护专家认为，石库门只留下一层"皮"，一层"壳"，将失去历史建筑的原真性，空心化的后果是毁掉了石库门的风情、石库门的文化，造成文化断层。他们强调，石库门保护需要的是"延年益寿"，不是"返老还童"，仅仅保留一层"壳"是一种不伦不类的保护，保护应该规规矩矩地做，越接近历史建筑的原来面目越好。

有些专家比较务实，认为保护城市文化是必要的，但也要替开发商算算账。两个街坊的改造预算高达14亿资金，改造成本达到每平方米2万元人民币，比当时新建公寓还贵了3倍多。石库门再回归居住功能显然不现实，人们今天的生活方式与上世纪初的生活习惯相比发生了很大的变化。

"延年益寿"还是"返老还童"成为争议的焦点。一方是坚决捍卫石库门历史文化的原真性，一方是创意让石库门历史空间承载当代文明，给予它新的生命力。

在这场文化争论中，压力最大的是瑞安公司，这是企业的投资行为，在亚洲金融危机的背景下押上了公司自有资金8亿港币，要动迁2300户居民，拿到的却是一片废墟般的旧街坊地块。按照当时的动迁办法，土地出让的概念是把一片没有建筑物的地块交给开发商，但一大会址前后两个旧街坊的破房子没有实施拆除，作为中共一大会址历史文化环境的载体保留了下来，让专家和建筑设计师决定拆多少留多少。如果专家评审组的最终结论是全部拆除旧房子，重建石库门式样的新房子，让老百姓住进去，而不是保留历史建筑进行修旧如"旧"，改造成商业场所，罗康瑞先生的梦想也就真的成为一场梦了。

这场文化争论是在角力，是在把握新天地项目的走向，也在拿捏一种分寸。专家组、瑞安公司、当地政府都感到这个项目难度实在太高,担心它不成功。这是中共一大会址旁边的开发项目,一旦失败,后果严重,无法向党和人民、向这座城市、向历史、向未来交代。

稍微偏一偏,这个项目可能做成纯粹的房地产项目,过于商业化,缺少文化气息,难以得到当地政府和市民的认同,甚至遭到舆论指责,势必对中共一大会址造成不良影响;或者偏向另一个方向,可能做成一个太过历史文化的石库门"博物馆",仍旧是居民住宅,没有新意和特色,游客来了拍个照就走,留不住人,没有足够的经营收入,项目建成了也难以维持生存;还有一种可能,不偏不倚,做成类似国内某些城市的"明清仿古一条街",令人置身于摄影棚里的感觉。

但是,所有的结果都是在执行后才能显现。执行前,一切都是扑朔迷离的。

罗康瑞在内地十余年的历练,已颇懂经济与政治的关系,懂得要让上海这座城市接受"新天地"的理念,一切要从改变人的思想开始,关键在于赢得城市决策层的理解和支持。早在1997年,罗康瑞应邀出席第八届上海市市长国际企业家咨询会时,他站在讲台上阐述了上海需要发展休闲商业的必要性,让人们多交流,以及这种新生活与国际大都市的关系:"上海必须创造良好的生活环境,以吸引、培养及留住最优秀的国内外人才……一个国际金融中心及商业中心,亦应该在市中心建设各种活动场所,让本地和外籍专业人士有一个聚会场所,不但提供时尚餐馆、咖啡馆及酒吧,亦开设画廊及创作室等。"

当时的上海,正处在"先工作后生活"的价值观向"享受生活也享受工作"的价值观转型时期,人们一时还很难体会和理解国际优秀人才重视生活品质的诉求。国际优秀人才重视工作环境的品质,对生活环境的品质也同样有很高的要求,经常性的聚会交流是他们必不可少的生活方式。上海需要一个具有国际视野的、体现当代精神的和文化可识别性强的场所,供高端人才休闲交流。罗康瑞环顾当时的上海,几乎还找不到这样的场所,这是巨大的潜在商机,他对新天地创意相当自信,最无法把握的是石库门专家们的思路以及他们对新天地概念能否真正理解。

中共一大会址前后两个街坊的破旧老房子需要大兴土木,甚至脱胎换骨式的改造才能重新使用,成为具有上海独特文化魅力的休闲场所。如果按照一些石库门专家的想法,把旧石库门恢复到原状,将对商业价值产生负面影响,瑞安公司十分忧虑。

在这场争论中,卢湾区政府倾向性支持瑞安公司的设计方案。区政府的领导班子是一批思想观念开放,接受新事物快的中年干部,他们已经意识到旧城改造一律采取"推倒重建"的模式是不可持续的,需要从发展与继承相协调的价值取向去判断和推动旧区改造项目。

对历史建筑进行开发性保护,必然涉及大笔资金,由谁来出? 石库门专家认为保护历史建筑理应政府出钱,不应该让商业集团进入这类项目,企业都是要讲利润最大化的,这样会使文化保护性质的项目偏向商业化。但从实际看,让政府出资虽是个理想化的方案,但政府的财力有限,而 2001 年 7 月 1 日中共建党 80 周年前完成这个改造项目的时间表已确定,区政府的压力很大。政府领导们很认同瑞安公司的思路和理念,他们感觉到"新天地"一旦成功,会使旧区改造的模式产生一种新的突破。

区政府规划部门在专家讨论会上亮出一个观点,令专家们重新思考他们原先的保护思路:改造后的石库门新天地,必须满足现代的抗震条件,使用砖块叠砌的传统建筑方式难以抵御高强度地震,而新天地对旧石库门采用内部掏空,放入钢筋混凝土框架结构的办法,可以较好地解决老房子的抗震问题。

罗康瑞运气不错,在他最困难的时候,上海有几位历史建筑专家站出来支持他,同济大学的罗小未教授是代表性人物。罗教授赞成瑞安公司的设计方案。

她说,要使城市具有自己的特色、个性和可识别性,最直接、最经得起考验和最有效的办法,莫如保护一些能说明城市历史的建筑和环境。

历史建筑是过去的人为了当时的生活方式和理想而建的,它们与今天的现实生活、生活方式与生活意义必然存在差距。这是历史建筑保护同城市改造与开发的矛盾。

过去一讲保护就必须原封不动地保护,否则不算是保护,这是一种简单化的看法。原封不动地保护就成了博物馆,不是现实生活的一部分,因为人无法生活在历史中。保护不是目的,保护是为了创新! 其实参考国内外的经验,不同的保护对象可以有不同的保护要求。

现在上海对优秀历史建筑的保护分五类，第一类比较严格，要求建筑原有的立面、结构体系、平面布局和内部装饰不得改变。以下几类比较宽松，到了第五类只要求建筑在保护具有历史信息特征的部件下，允许对其他部件作改动。

上海新天地两个街坊虽然在规划设计方案上被定为"历史保护区"，但按照城市规划和文物管理部门的具体要求，除了中共一大会址及其相连的建筑物不允许拆除之外，两个街坊内的多数建筑并没有被列入保护对象，允许拆旧建新，只是要求这片建筑在形式上与中共一大会址的石库门历史建筑风貌相协调。瑞安公司的理念首先是看到了石库门里弄建筑的文化价值，又通过保护历史建筑"一层壳"的开发手段实现价值转换，即利用老房子的文化价值来增加开发项目的商业价值，这种做法没有违背城市规划的要求，而是做得更多更好。在保护与开发之间有两个层次：保护性开发与开发性保护，新天地属于开发性保护。

罗小未是上海市建筑学会名誉理事长，美国建筑学会荣誉院士，她说话是很有分量的，舆论的天平开始向瑞安公司的改造方案倾斜。但上海的建筑专家普遍对石库门整旧如"旧"式的改造方案能否真的能做出来表示担忧，这毕竟是一个前所未闻的构想，大家没有见过。当时的瑞安公司还是一家没有名气的香港开发商，上海的建筑专家们对这个方案不放心也是正常的。

（左图1）美利楼是香港最早的维多利亚风格的建筑，建于1894年，原址在香港中环闹市区，曾被用作港英政府办公室。1990年采用异地保存的方式迁址港岛最南端的赤柱，瑞安建业公司是重建美利楼的承建商。
（左图2）重建后的美利楼搬迁至香港南端的赤柱。
（右图）美利楼内部已成为具有历史文化风貌的休闲场所。

　　瑞安公司很自信，具有足够的底气，其定力来自这家公司当时在香港正实际操作的一个案例：美利楼重建工程。

　　香港美利楼是英国维多利亚风格的建筑，具有历史文化价值，最初是驻港英军办公楼，"二战"结束后，美利楼一直被港英政府用作办公室。1982年，中银大厦选址中环，港英政府决定将这幢具有文物价值的老建筑采用异地保存的方式，迁址别处。美利楼整幢建筑的花岗石等建筑物料被一块一块拆卸下来，并被妥善保存起来，这些建筑材料超过3000件。1990年，香港房屋委员会决定将美利楼搬迁至香港赤柱。赤柱是港岛最南端的半岛，拥有香港最美丽的海岸线，是繁华闹市旁的一处优美清静之地。1998年，瑞安建业公司被委任承建商，重建美利楼。

　　这项大型古迹建筑工程十分复杂，难度极高，香港没有先例可循，瑞安也无经验，罗康瑞追求创新，胆子很大，硬是承揽在手。

　　美利楼重建的原则是运用了国际先进的历史建筑保护性开发的理念：其一，尊重历史，保留大楼原来的建筑风格和历史痕迹；其二，适应现代商业用途，成为旅游和休闲消费的新地标；其三，符合现代建筑物的条例及要求。

　　瑞安公司专门为此组成了专家小组，仔细研究重建工程的每个环节、每个细节，反复考证和试验，对美利楼拆下的3000多块花岗石一一标注号码，运用电脑精密测算摆放位置，整个重建过程如同智力拼图，不能相差一丝一毫。

重建后的美利楼结构是按照未来的商业功能进行布局的，在钢筋混凝土建筑的外墙嵌上美利楼原来的一块一块花岗石。为了达到古迹重建的要求，瑞安从英国进口特别的石灰，代替常用的石头间黏合材料；花岗石组件不够，专门找到这种石料的产地福建去采购，努力恢复美利楼历史风貌，又注入现代生活，成为香港一个新地标。

瑞安公司要在上海再建一个新地标，整个团队为自己的理想抱负而兴奋不已，他们紧紧地抓住这一机不可失、时不再来的机遇做出自己的企业品牌。

要让那些反对"一层壳"保护方式的专家们口服心服是不容易的，唯有让他们眼见为实，他们是这座城市历史文化建筑的看门人，他们以自己的思维定式和价值标准评判前所未闻的新事物。

若想让一座城市发生新的改变，首先必须改变人们的思维方式。瑞安公司设计了一个创意方案：在北里街坊拿出一幢石库门里弄建一个新天地样板房，展示开发性保护石库门的方式，听取社会各方面的反应。

只保留青砖墙、石料门框、屋顶黑瓦，其他一概弃之的石库门改造设计方案摊在桌面上，让接手项目施工的美达装潢公司愣住了。他们擅长让陈旧的历史建筑焕然一新，没听说过有人愿意花钱把旧建筑做"旧"的。能否把设计师头脑中的浪漫构思真的做出来变成现实，他们心中没底。

美达装潢公司曾经做过孙中山故居、周公馆等优秀历史建筑的修复性保护工程，其资历和经验在上海首屈一指，开发商在上海找不出第二家比美达装潢公司更合适的施工企业。没有选择，两家企业就联手了。

可以这么说，上海这座城市真正采用整旧如"旧"的现代手法保护城市老建筑的历史，就是从"永庆坊"老弄堂石库门改造开始起步的。

石库门里的"新天地"是从"现在"向两个方向延伸，一个方向是"未来"，要在石库门里放进新世纪最时尚的生活方式；一个方向是"从前"，建筑外表恢复历史原貌。石库门在当年建成时到底是什么模样？专家们难有统一说法，上海各处留存的石库门几经沧桑，已经面目全非，找不到回家的路了。源头没弄清楚怎么做下去？瑞安公司开始四处寻觅上世纪石库门的原始资料。他们访问过城市规划设计院,建筑研究机构,咨询过同济大学建筑系,找过图书馆、博物馆,就在快要绝望之时,"柳暗花明又一村",这片街坊当年的建筑设计图竟然默默沉睡在上海历史档案馆里,图上还有建筑设计师的亲笔签名。

真得感谢一代又一代默默无闻的历史档案保存人。开发商的这种认真态度和敬业精神,同样值得人们肃然起敬。

石库门"返老还童"仅仅保护一层"壳"是表面文章,真正的大文章在其内部,在地层底下。石库门的复活需要新的内脏器官、新的血管经络,那就是现代生活不可缺少的风(空调)、火(煤气)、水(自来水)、电(照明、现代通讯、互联网)、排污、消防等基础设施。石库门改造成餐厅、咖啡馆,其排污管道比住宅下水管道的口径要大很多。老房子屋顶无法"背"水箱,生活用水、消防水箱都得放在地下,最深的消防水箱挖地 9 米,超过两层楼高,这些投资费用高达 7 亿元人民币。

一层"壳"的保护手法需要揭开屋顶,掏空石库门内部的旧结构,只保留四面青砖墙。失去结构支撑的墙壁摇摇欲坠,完全依靠各式各样的铁架子扶持,其模样好似澳门著名的景点"大三巴"那堵教堂旧墙壁。

青砖墙不能倒,墙里墙外还要挖地三米深,铺设强电弱电电缆、自来水管、煤气管、通讯电缆和消防系统,施工难度之高可想而知。挖土机不能开进狭窄的施工现场,机器的震动有可能震倒青砖墙,挖土、运土、搬送建筑材料全靠原始的人工作业,费时费力。施工的工人们做事必须轻手轻脚,小心翼翼,因为工程师千叮咛万嘱咐,千万别撞坏了"文化",工人们想不明白,这些破砖烂瓦怎么就一夜之间变成了很有身价的"文化"?

以前的石库门作为居住空间,讲究私密性,一般开间小,多为砖木结构,由砖墙承重。而新天地作为休闲场所,需要开敞的大空间,人流量大,承重荷载要求高,因此,它们的内部结构体系全部改为内框架结构,加筑混凝土的梁和柱,砖墙不再承重,只起到围护作用,说到底是扮演"文化墙"的角色。但"文化墙"的代价不菲,开发商专门从德国雷马士公司进口了价格昂贵的"爱达可锁漏"(AIDA KIESOL)、芬

考护墙膏（FUNCOSIL FACADE CREME）、芬考岩石增强保护系统（FUNCOSIL STONE STRENGTHENER SYSTEM）等产品，这些药水专门解决古遗迹、历史建筑墙的立体防水，治表又治里。开发商组织工人对墙体内部注射防水层，修复砖墙的防潮层，同时增强墙体抗震能力，采用文物保护的办法对待石库门。

为了一个"旧"字，耗资巨大。

把石库门做"旧"比做新难度高，因为没有前人的经验可参照借鉴，常常做完一段工程后才发现有缺陷、遗漏，甚至走上了歧路，只好全部拆光回到原点重新开始。

石库门老房子的窗户历经时代变迁，保留下来的五花八门，木窗、钢窗、铝合金窗共存于一幢房子里。因为时代不同，市民对窗户的审美观和价值观在发生变化，有钱的居民按照当时的审美观和实用价值把自家窗子换成了钢窗，后来又换成了铝

（左上图）"永庆坊"石库门弄堂的一排老房子，在1999年定为样板房，进行外表整旧如"旧"，做出历史建筑的感觉；内部做了现代化改造，放入时尚的生活方式。门里门外仿佛相隔两个世纪，让人有时空转换之感。新天地样板房现为"夜上海"餐厅。
（左下图）玻璃门让历史"隔"而不断，坐在屋里用餐与穿越弄堂的人们恍若隔世相见。
（右图）石库门里弄在使用过程中被居民作了很大的改动，恢复历史建筑本来的面貌，不能凭想象，需要尊重历史。开发商经过几番周折，最终在上海市城市建设档案馆找到了这批石库门建筑的原始设计图。

保留石库门一层"壳"的做法,是掏空建筑内部结构,仅仅保留几面青砖墙。保留的是建筑文化可识别性。

这一排石库门的内部打通,钢筋混凝土框架结构与保留的旧青砖墙粘在一起,成为新房子。房子外表保留了石库门的特色。

合金窗,没钱的居民一直沿用着木窗。改造后的石库门究竟采用什么窗能体现上海人的审美情趣?起初,样板房全部做成钢窗,安装后左看右看越看越不像老房子,还是有点"新"!最终决定全部拆下来,换成上世纪 20 年代风靡的百叶木窗。

石库门的重要特色是两扇带铜环的黑色木料门扉,若石库门的功能改变为经营场所,显然不可能紧闭两扇黑漆大门,关门就成了拒客,而成天开着门,会大量浪费室内空调的冷气或暖气。设计师想出了办法:黑漆大门打开,仅仅作为历史见证的"文化门"而存在,再装一道玻璃门,保住室内的冷暖气,室内的客人可以通过玻璃看见门外,门外的客人也看见室内,从而让历史"隔"而不断。

开发商为了追求细节的完善,对每一段工程常常建了拆,拆了再建,有些局部拆、

老墙不能倒，全靠铁架子支撑着。工程师特别关照搬运铁管的民工们，必须轻手轻脚，小心翼翼，不能碰到老墙，一不小心就会把"文化"撞掉。

旧青砖墙外的弄堂里要挖地3米深，地底下铺设水、电、煤气等管线设施。工人们正在开挖弄堂地面。

建重复不下10次。

　　开发商和施工公司每天早上8点30分有个工作例会，雷打不动，这个会整整开了一年。新天地样板房反复试验的时间是整整一年，而整个项目大规模的石库门改造也只用了一年时间。

　　心血、汗水、时间、金钱，凝聚成一座新天地样板房。

　　样板房建成后，获得了意想不到的成功，赢得了一片赞扬，其中包括曾经反对过这种改造方式的专家。

　　新天地的改造开发这才全面铺开，时间刚巧是告别20世纪、跨入21世纪的门槛，可以说是一个跨世纪的工程。

（上图）工人们正在屋顶铺设新的隔热防潮层，再铺上药水处理后的旧瓦片，恢复历史建筑的外貌。
（下二图）石库门老房子的窗子被居民做过很多改动，木窗还是钢窗更适合新天地？几经考量，最终选用更有历史感的百叶木窗。

按照总体规划设计，在北里和南里拆除十几幢石库门老房子，做成现在人们看到的步行街和广场。对二十几幢石库门老房子内部全部掏空，外墙立面进行注射药水处理，还有少部分老房子拆后重建。保护石库门认认真真地做到位就体现在如何"拆"上，开发商不使用推土机去推，不使用大锤子砸，而是用人工一块砖一块砖地拆下来，这一切是在国外请来的专业文物保护建筑师的指导下进行的。在这些老房子拆之前，专家、建筑师对每块砖一一标注英文字母，拆下后按照字母顺序排列堆放，对每块旧砖的六个立面上的砂浆残渣，不准用榔头敲、铁铲铲，而是用专用的砂皮打磨干净，这种做法让那些来自安徽、江苏的民工不可思议，背后骂这些外国建筑师神经病，脑子出问题了。

这些旧房子共拆下了14万块旧砖，每块旧砖都有编号，都要打磨干净，作为建筑材料去建"旧"房。这项浩大的工程历时15个月，不少农民工受不了这种心理折磨，甩手不干了，去了其他工地，这项保护工程前后换了五批工人。

新天地对石库门整旧如"旧"是真做，14万块旧砖的整理打磨耗时耗工，价格不菲，远远超过14万块新砖的代价。

为何不用新砖而用旧砖？专家们揭其奥秘：新砖表达是当下文化的信号，旧砖才是过去的文化记忆。新天地要唤起人们对上世纪二三十年代老上海的历史文化记忆，必须用当年的旧砖，而且不是简简单单地去做，要像对待一件宫廷古董那样，仔细擦去古董上的历史尘埃，掸去蜘蛛网，露出当年的光泽，又略带历史沧桑感。打磨14万块旧砖上的砂浆，就是擦去残留在砖面上"72家房客"的记忆，恢复曾经有过的亚洲金融中心的辉煌记忆。

对房顶上旧瓦，也是拆下来用药水处理后作为建筑材料重新使用，但仅仅起到"文化瓦"的作用，防水隔热还是依靠旧瓦和房顶之间铺设的两层现代防水隔热层。

设计师对石库门弄堂的墙面故意保留了一些破损的痕迹，造成"残缺美"。弄堂的地面为了再现历史逼真感，埋设各种管道后，浇注水泥路面，再铺上青砖，让它慢慢长出青苔，仿佛是上世纪的石库门弄堂。石库门内是按照现代都市的生活方式、审美情趣和情感世界进行量身定制，不仅有了自动电梯、中央空调，还有宽带互联网，门外是20世纪二三十年代的历史重现，让人走进弄堂仿佛回到上个世纪，但跨进任何一个餐厅、商铺又回到当下，恍若隔世，一步之遥，穿越时空。

若把新天地比作一个人，肌肤和外貌是上世纪的，那么重新安排的地下管线如同人的血管、经络，重新建造的钢筋水泥结构是他的骨骼，现代的餐饮、商业、健身、影视是他新的生命，当他苏醒了站起来时，历史与现代集于一身。这种时间和空间差

欧陆风格的弄堂旧门。

弄堂旧门华丽转身成时尚。

（下图）这幢老洋房没有拆除，保留原模原样，但加固了房屋结构，进行了重新装修。
（右图）保留的老洋房放进了餐饮、会议等新功能，成为著名的新天地"壹号楼"。

距形成的"距离美",成为新的时尚。

建筑的生命在于使用,当石库门旧的居住"生命力"丧失之时,新天地创造性地把它改变为商业功能,把私人居住空间改变为商业共享空间,开发出石库门新的使用价值,赋予了它新的生命。

新天地在实践中探索和总结出三种开发性保护的模式:

第一类:基本保留,加固结构。实例是新天地"壹号楼"。

"壹号楼"建于1925年,属里弄公馆,该楼虽然年久失修,但基础较好,开发商决定对它全面保留,采取加固地基,加固结构,更换木梁,对建筑的细部按当年设计修复,并按现代都市生活的要求进行适度改造。现为中外闻名的新天地"壹号会所"。

第二类:保留外墙和屋顶,内部结构拆除重建。实例是Lawry's The Prime Rib(曾是法国"乐美颂"餐厅)。

这排石库门建筑建于20世纪20年代,荷兰式屋顶。开发商对它只保留了整排石库门楼和屋顶,建筑内部全部拆除,按商业场所的要求用钢筋混凝土重建,对原来屋顶的木结构,拆除后更换全新钢架结构,在二楼与三楼之间采用挑空方式,留出了舞台的空间,并对原天井部位加盖玻璃棚,使室内通透明亮。

第三类:基本拆除,只保留门楼。实例是地中海风味餐厅Luna。

该餐厅的原建筑是三幢旧房子,建于20世纪30年代。三幢老房子已破旧不堪,且外形不够典雅美观,故予以全部拆除,只保留了北面老房子的一排三个石库门洞的外墙和南面老房子的一排七个石库门洞的外墙。改建中,将三座老房子合为一座建筑,它的西北面采用一道现代的玻璃幕墙,与周围的历史建筑形成反差。顾客用餐时可通过玻璃一览无遗地欣赏两侧历史建筑。当然,顾客自己也成了别人的一道风景线!

新天地探索的三种开发性保护方式,成功地保存了旧区大多数历史建筑,传承了石库门里弄文化,让历史建筑以新的方式"存活"在当今世界。

2000年,整旧如"旧"的美利楼在香港赤柱湾畔惊艳亮相,震撼了整个港岛,成为香港的一个新地标。

2001年6月,整旧如"旧"的石库门新天地在上海问世,引起了亚洲、欧洲、北美洲的注目和惊叹,成为上海的时尚地标。

　　新天地"开发性保护"的模式从中国大地上破土而出,国内学术界不同看法和争议伴随它一路成长。其实,新天地原本就不是一个历史建筑保护项目,只是它在项目开发过程中,尽可能地保留、改造、再利用石库门老房子。正是由于这种保护老房子的新方法,让有些观念较传统的历史建筑专家看了不顺眼。有人说新天地虽然保护了旧式里弄的文化精华,但它并不是为了保护而保护的,它不过是用保护来为它的开发项目增值与抬高身份。

（左上图）"敦和里"一排石库门仅仅保留原先的旧墙和老屋顶,内部结构拆除重建。
（右上图）"敦和里"石库门的居住功能转变为商业功能,成为法国"乐美颂"餐厅。
（左下图）这排石库门老房子基本拆除,仅仅保留三个门,作为石库门文化景观。
（右下图）玻璃亭子是地中海风味餐厅 Luna,新建筑内部有"弄堂晚餐"的历史文化。

改造前的弄堂过街楼。

改造后的弄堂过街楼。

罗小未教授对此种观点有精彩的回应：这种说法虽不中听，却击中了长期困扰我们的误以为保护与开发永远是一对矛盾的问题实质。我们时常痛心地看到很多旧房子，比二级旧里还要好得多的旧房子被推倒重建，原因据说是它们阻碍了开发，其实就是因为没有找到保护与开发的结合点。而新天地却找到了，找到后不是马马虎虎地只顾眼前利益地去干，而是认认真真地、热情地把保护做到家。当这些保护下来的地地道道的里弄建筑文化果真发挥其魅力，为新天地的开发带来贡献的时候，我们又何乐而不为呢？

有意思的是新天地在国际上获得的是一致的好评，几乎没有争议之声。

设在美国的国际城市土地学会（Urban Land Institute）在 2002 年的年会上为上海新天地颁发了一个卓越大奖（Awards of Excellence），表彰新天地不仅旧城改造项目做得好，而且提升了周边环境，带动了一个区域经济的发展。

美国哈佛大学专门邀请本杰明·伍德和瑞安公司高层去哈佛大学演讲，介绍新天地项目，并把新天地列为哈佛大学的教学案例，还多次组织哈佛大学生暑期专程飞到上海来实地参观考察新天地。

今天我们再回过头去看当年那场石库门保护的文化之争，它对于上海的城市发展有着重要的意义和价值。因为观点不同，带来了视角的丰富，我们才有可能进入问题的核心，真理常常站在各种意见的交叉点上。开发商与专家之间，专家与专家之间的观点不同，并不妨碍相互借鉴，他们共同为上海开启了一扇认知的大门：

其一，文化是城市发展中最重要的因素，必须尊重城市的遗产和过去，一个城市的未来，是它过去的合乎逻辑的延伸；

其二，城市历史文化是一种资源，是建设新城市必不可少的，不可替代的，是再生力很强的经济资源。

这一新的认知在中心城区政府后来的城市化一系列实践中不断深化，结出了丰硕的成果。

百年石库门，一片新天地。

三

智化腐朽为神奇

早在新天地之前，上海已经有人想到了利用老房子开设商业场所，并进行过投资性质的尝试，建过一条仿清末民国初年的历史老街和一条保留名人故居的文化街，但热闹了一年半载就沉寂下去了。

当时，国内对历史建筑开发与改造一直徘徊于两个极端：或者是原封不动地保留，做成历史博物馆；或者是原样复制，在现代建筑外表"穿衣戴帽"。

前者是"真古董"，但那些历史建筑空间是前人的生活方式、消费方式的载体，无法适合今天的生活方式，也很难满足现代经营方式的需求。

后者是"假古董"，简单的模仿，很难再现历史建筑的神韵与精髓，难免在形象上流于粗俗，甚至不伦不类。

旧建筑焕发青春如同让老树开新花，难度极高。

瑞安是一家外来的香港公司，人地两生，并不熟悉石库门文化，为何能做到还原历史又超越历史，把上海人的旧弄堂，做成了既吸引本地人又吸引外国人的时尚新天地？这让不少上海的房产开发商十分眼热，又不解其中奥妙。

罗康瑞和瑞安公司的香港人，自然不如上海人更懂石库门弄堂，最初也不知道新天地应该怎么设计、怎么建设，但他们具备一些很好的理念、国际视野和资金实力，这便是上海本地开发商与香港瑞安公司之间的差距。卢湾区政府选择瑞安公司正是看中这个差距。

瑞安公司拿到了好位置的土地后，不是自己想怎么干就随便干了，他们认为一个伟大的想法和创造，能给这块土地带来价值，最终将给这座城市带来价值，一部好作品要找优秀的导演。瑞安公司对这片老房子的开发不是找一家建筑设计事务所来做，而是挑选并组合了一个建筑设计师的团队。这个项目不是一般性的老建筑保留、保护那么简单，它是开发性保护石库门项目，最核心的不只是建筑设计，而是要做一个新的城市设计，并从城市设计的角度出发，把开发项目与上海的历史和现在的环境联系在一起。这项宏大的设计工程需要各方面的专家参与，一家建筑设计事务所是难以独立完成的。所谓专家，是术有专攻、业有所长，有的擅长古建筑修复，有的专攻现代建筑，而石库门新天地项目涉及历史建筑、现代建筑等各个方面，需要多个专家精英的相互合作。罗康瑞请到了国际上著名的旧城区改造专家本杰明·伍德设计事务所，并邀请了新加坡的日建国际设计事务所和同济大学城市规划设计学院罗小未教授，他们都是各自领域的精英人物。

表面上看，这些设计师们各有分工，伍德设计事务所承担项目的空间设计，日建国际设计事务所做项目扩展设计和施工图设计，罗小未等一批同济大学的教授担任顾问，在石库门历史考证、具体细节恢复等方面提供支持。参与项目设计的还有结构工程师、机电工程师、灯光设计师等等。瑞安公司的代表是项目经理陈建邦，他也是建筑设计师专业出身，曾供职于美国纽约市政府规划局，他的工作主要是研究"城市病"，纠正城市规划错误造成的弊病。

新天地成功的奥妙恰恰就在这个设计团队的组合。

创新的源泉是什么? 是文化记忆。本杰明·伍德代表了西方文化记忆，日建设计事务所代表了东方文化记忆，罗小未代表了本地文化记忆，瑞安公司作为出资人，带着商业文化记忆统领这支设计团队。统领者不但要有市场眼光，还要具备建筑设计、商业运作多方面的知识和经验，此人的水平高低关系到开发项目的一个大问题: 是你领着建筑师走还是建筑师领着你走? 例如建造一个剧场，建筑设计师总是想让剧场的外形和内部装饰非常漂亮、抢眼，但占了过多的空间，剧场内只能摆放 500 个座位，一进入营运马上亏本，漂亮不能当饭吃，剧场座位必须超过 1000 个才能盈利。设计师的作用是为建筑增加附加值，但一幢房子建成后无法营运，房子的生命也就结束了。

开发商把这些不同文化背景的建筑设计师放在同一层楼面工作，让不同的文化记忆天天见面，天天碰撞，擦出火花。从宏观构思到微观设计，让他们各抒己见，让他们天天"吵架"，真理常常站在了各种意见的交叉点上。

建筑设计师们从瑞安广场的顶楼大玻璃窗望下去，纵横交错的石库门老弄堂尽收眼底。这片占地 3 公顷的两个街坊共有 22 条弄堂，居住着 2300 户居民。这些老房子最早建于 1911 年，当初就是由不同的房地产开发商承建，许多弄堂互不相通。1950年以后，上海的人口不断增加但住宅增加不多，公有制的房屋分配制度难以为继，一些市民就私自搭建违章房子来解决居住困难，让原本肌理清晰的石库门里弄补丁叠

新天地建成前的石库门旧街坊。

补丁，令人难以看到它的底色。

　　优秀的建筑设计师往往能发现一般人看不到的东西。眼前两个旧街坊虽然破旧不堪，但那是新天地的老底子，新天地的历史建筑不是凭空捏造出来的，不是从其他城市"借"来的，它不但有实物而且有深厚的文化底蕴。保留石库门里弄原来的肌理很重要，这是上海城市建筑最根本的特征，否则与其他城市相比，就会没有自己的特点。总设计师伍德先生说，我们一定要略过这些显而易见的污秽、腐烂、拥挤和不卫生的生活环境,看到这些老房子将在未来成为长江三角洲一个象征东西方文化融汇的艺术品。

伍德先生说,石库门老房子确实不适合当代人的生活需求和向往,他所遇见到的上海市民皆言要拆,可谓是人心所向。他预感这是一场城市历史文化的危机,石库门将在这股浪潮的推动下被全部推倒,上海人在21世纪可能看不到石库门了。那时,上海最流行的时尚是怀旧,老洋楼、老弄堂、老房子将成为稀罕之物,物以稀为贵,全城的人会花钱来看瑞安开发的石库门弄堂,来新天地消费。他建议瑞安公司要抓紧这两三年的宝贵时间,尽快把石库门新天地建起来,去引领上海21世纪的新时尚。

伍德先生不在美国本土做设计,对他有相当的挑战,也因此让他兴奋起来,调动他所有的文化积累,做出他最好的作品。

伍德先生的设计团队首先要做的事是回到原点去,再从原点重新出发。建筑师们需要理解这些破房子背后所蕴藏的文化记忆,从一块块旧砖上读懂这座城市,理解这座城市。

能够直观地说明一座城市历史的东西,除了文字记载、珍贵文物,还有就是地面上的历史建筑物了。它们以实物形式存在于世,虽然破旧不堪,但其外观造型、空间尺度依稀可见那个时代的理想向往和生活方式。罗小未教授和她的团队成员沙永杰、钱宗灏、张晓春、林维航等发挥了不可替代的作用,他们是石库门建筑文化的专家。在新天地的建造过程中,每当外国设计师脑海中的创作素材不够用时,文化底蕴深厚且通晓中西建筑的罗小未教授常常为他们打开一扇又一扇城市文化之窗。

新天地所在的石库门街坊,是1914年法租界越界筑路形成的。法租界的石库门与英租界的石库门在街区文化上有差异吗?不仅有,还相当大!上海的石库门专家告诉外国建筑师,法国人修筑的淮海路与英国人修筑的南京路的差异之一是行道树,重文主义的法租界选择了悬铃木作为城区行道树,上海市民称之为"法国梧桐"。法国梧桐是落叶乔木,夏天绿叶茂盛如华盖,为逛街购物的人送荫遮阳,秋冬落叶一地金黄,十分浪漫又送人温暖阳光;而重商主义的英国人为了商店的招牌不被遮挡,商业街上不栽树,所以南京路很像英国伦敦的牛津街,淮海路像极了法国巴黎的香榭丽舍大道。淮海路曾在改革开放初期试图走"重商主义"路线，树立经济优先的新形象，砍了商业街上所有的法国梧桐树，让商店招牌透"亮"，结果遭到中心城区老百姓的普遍反对，只好补种法国梧桐树，重新做回"自己"，这便是淮海路街区的文化底蕴。还有，法租界与英租界的电压不同。英租界的电压是220伏，220伏是电流最经济的运行状态，但能电死人；而法租界的电压为110伏，110伏虽然电流运行不经济，但电不死人，尤其可以保护不懂事的儿童，法租界选择110伏，完全出于人性化的思维。以人为本的思维文化，深刻地影响了几代上海人，重文主义是淮海路街区的文化底蕴特色。

问渠哪得清如许，为有源头活水来。创新设计的过程其实也是学习的过程。

从石库门原点再出发，让历史建筑空间承载当代生活，就必须传承"重文主义"的历史文化，新天地石库门改造的一切出发点，首先要考虑人，以人为本，要从市民的生活方式以及他们喜欢的生活空间开始考虑。伍德说，石库门要成为一种艺术品，它的真正价值并不依赖于某种特征或时尚的装饰，而在于它们是否包含了日常的生活模式。

新天地的设计师们便反反复复到上海市民日常的生活场所去体验和理解上海人的快乐和幸福感：逢年过节的团圆饭是一个家庭的快乐，与好朋友相约泡酒吧喝茶是一种心情的快乐，应邀去高级会所参加上流社会聚会是一种荣耀的幸福感，与心中的明星偶像不期而遇是一种幸运感……设计师头脑中的创作素材渐渐丰满，想法也越来越多：老房子可否改成中餐厅或西餐厅？改成酒吧、咖啡馆也未尝不可？老房子能否改成美容院、高级会所，甚至改成博物馆、画廊……总之，让石库门新天地留得住人，并且产生消费，而不是拍个照就走，这是所有创意的终极目标。

本杰明·伍德负责新天地的建筑空间设计，瑞安的董事总经理郑秉泽先生负责商业的规划和创意。郑总的角色难度很高，他代表开发项目的投资方，需要清楚地告诉建筑设计师我们想要什么，这很关键。中国有些城市出现一些脱离本地文化的奇特建筑，原因之一是国内投资方不清楚自己真正想要什么，只好由着外国建筑设计师的性子发挥，一开头就已经输了。

郑秉泽在工作例会上向外国建筑设计师们提出，新天地要有设计感、创意感，美食、佳酿、休闲养生仅仅是商业文化的一部分，新天地商业是创意的呈现。那么，商业创意是什么呢？他预见上海人未来的消费方式会变化，市民逛街购物不再是有目的地直奔某个商店，买了东西就回家，逛比买更重要，"逛"是从这个点到那个点之间的文化欣赏。文化的魅力在于耐看，并且让人产生联想，石库门新天地应该是一道城市的风景线，它具有历史的纵深感；新天地还是创意文化的长廊，未来的每个商铺都是创意商业，很个性化的，改造后的石库门老房子是承载这些创意商业的容器。消费者从走进新天地的那一刻起，如同进入美术馆、艺术殿堂，他们看到的每幢建筑是不同历史时期的"西方油画"或"东方水墨画"，有古代的也有现代的，有经典的也有抽象的，每幅画都不重复，还是立体的，不但可以边走边欣赏，还可以让人走进画里去欣赏，坐下来喝着咖啡慢慢品味。

心有灵犀一点通，伍德明白郑总想要的是什么了。未来的新天地需要尽可能地反映城市空间的多样性、建筑形式的多样性，最可怕的结果是新天地里的建筑一个模样，好似一个模子里出来的。一片历史街区是一百年慢慢演变过来的，建筑风格各异，而今天的旧改项目是一次性建造出来的，所以需要尽可能地保留不同时期的历史建筑，保留城市的历史痕迹。城市空间的多样性和丰富的建筑形式对于新天地很重要，要让人们在新天地里行走时，产生从一个时代穿越到另一个时代的自由感。

建筑设计师们为目标的清晰而兴奋不已，激动，着魔。

他们要去做一个虚拟的时光隧道。在这片建筑空间，游客可以倒回一百年去，人们游走于存在与丢失之间，站在房檐屋角处揣摩它的从前，不断有发现，不断有追忆，不断有思考。再走走，你能触摸到 20 世纪 20 年代的创业辉煌，触摸到 50 年代的大跃进，60 年代的"文化大革命"，80 年代的改革开放，90 年代的城市大变样，不知不觉你就来到了当代。当然，旧的历史传统不可能拿来直接用，需要在里面发现美，要重新诠释，让旧传统变成新文化。

建筑师们差不多花了一年的时间去看每一栋楼房，去鉴别房子是哪个时代的作品，是出自哪位建筑设计师之手；去鉴别哪座房子值得保留，哪座要拆掉；哪座房

建筑师拍摄的石库
门旧弄堂的照片。

这是建筑师在电脑
上构思的想象：在
历史建筑里面放进
现代时尚生活。

子适合表现哪个年代的文化；哪一个空间将来适合作中国餐厅，哪一个空间可以作西式酒吧或者画廊；石库门的哪些故事应当挂在哪个巴洛克门头之下，刻在哪块青砖的纹理之中。

最难的是这些老房子要拆什么和不拆什么，一不小心会把文化记忆拆掉。拆掉容易恢复难，留下的是遗憾。

Luna餐厅那幢房子的拆与留，有过很大的争论。它原先是三幢老房子，一条弄堂。南面那幢老房子有一排石库门洞很漂亮，建筑师们都同意保留下来；东面那幢老房子也保留了，北面那幢老房子不好看，想把它拆掉，但部分喜欢传统的设计师建议保留，有的说拆掉后还是应该建个旧房子。但是，伍德先生认为这个位置应该放一个比较新

这个玻璃亭子是建筑设计师们不同设计思想交锋的产物。

的建筑,并且大胆地放一个玻璃结构建筑,就像在法国巴黎的卢浮宫外设计一个玻璃金字塔。这个全新的、现代的表现手法引起他与设计团队以及规划部门的很大分歧。多数设计师感到那里放个玻璃亭子与周围的环境不协调,反差太大,群起反对。伍德先生解释说,从设计的概念看,应该从每一个角度都能让人既看到一点新东西,也看到一点旧东西,而不是满眼都是旧的,或者全部是新的,建筑是文化记忆的载体,新旧组合可以表现历史的演变。旧中有新,新中有旧,让每个来新天地的客人,走进每个弄堂的感觉是不同的,文化的新鲜感就牵着客人的目光不断往前走。

伍德先生对这个设想相当坚持,不愿妥协,他甚至说,简单地照搬过去是对未来的嘲讽,是没有办法以当代的、富有创意的方式来表达自己。

玻璃亭新房子建在石库门老房子中间,体现了旧中有新,穿越了两个时代。

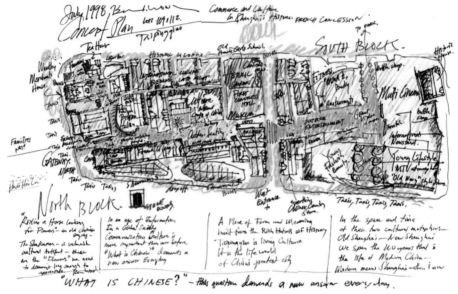

这幅珍贵的手稿是当初建筑设计师本杰明·伍德对上海新天地总体布局的构思。

    多数设计师想尽可能多保留一点石库门,希望它是上海的一部分,这个愿望可以理解,但新天地也代表着上海的未来,不能全是怀旧的上海。

    大家经过反复探讨,形成共识,最后才决定在那里建一个玻璃结构的新建筑。后来的实际效果证明伍德先生的坚持是正确的。

    最重要的还是新天地的总体空间结构设计,被马路隔开的两个街坊需要形成一个整体。本杰明·伍德产生了一个大胆而浪漫的构想,在南北两个街坊拆掉几排老房子和违章建筑,形成一条贯通南北街坊的大通道,用一条步行街串起南里和北里,主通道就是步行街,与大通道十字相交的一条条东西走向的弄堂就自然成为支通道。主通道是这片街区的"脊梁骨",支弄堂成为它伸展出去的"鱼骨架"。

    在开辟主通道的过程中,工人们推倒一堵墙,墙后面是"敦和里"弄堂,一排9个完好石库门洞的联排屋显露出来,它的立面很漂亮,屋顶风格是荷兰式的,建筑师们一看就兴奋了，像发现了新大陆。这排石库门不是坐北朝南，而是坐西朝东，正好可以做成商业街上的天然商铺！

新天地有些设计创意不是一开始就想好的，是在做的过程中不断发现、改变、创造的。设计师们说，什么都想清楚了就不好玩了。新天地这个作品很耐看，很好玩，是因为它代表了一种自由的态度，自由的土壤是萌发创意的生态环境。

主通道、支通道两侧的住宅建筑"过渡"为商业建筑，很自然地成为步行街两侧的商铺，城市意象随之发生了转换，还是当年的石库门民居，摇身一变成为休闲商业街区了。

新天地步行街的尺度多宽为合适呢？

有的设计师主张维持石库门主弄堂的尺度，弄堂的尺度和空间感是当年很自然地形成的，犹如地里的庄稼，人为地拓宽弄堂的宽度如同拔苗助长，无疑是对历史记忆的不尊重。只有尊重了城市的记忆，才能产生磁铁般的文化感召力和吸引力。

有的设计师从商业视角出发，认为应该拓宽弄堂的尺度，如果新天地建成后能吸引很多消费者，就必须预留大空间，否则会造成步行街拥挤混乱的后果。

设计师不同的观点来自不同的评判标准，一种是文化的，另外一种是商业的，这两个评判标准之间存在平衡和张力。伍德先生的想法很另类，他说，尺度是心

（左图）新天地北里拆掉几座老房子和违章建筑，腾出空间做成一条步行街。
（右图）一条步行街把南北两个石库门街坊连接为整体，又能形成历史与现代的对比。从这张照片还可以看到，新天地东侧的人工湖工程已经拆平旧房，准备挖湖。

曾经让设计师们兴奋不已的"敦和里"石库门，荷兰式屋顶正在修旧如"旧"，内部采用铁框架代替了原先的木结构，外表保留着旧屋瓦片。

建筑师拍摄的老房子照片。

建筑师设想中的新天地北里小广场。

新天地南里拆除大半个街坊，安排现代建筑是大胆的设计构思。

灵的感受，过大不好，过小也不行，心灵愉快感是最合适的尺度，能看见对方眼睛是人性化的尺度。你在那里经常看见熟人，你下次还会不由自主地想再来，新天地不只是一个物理空间，它还是个心灵的空间。伍德先生的评判标准是以人为本的，他是在文化与商业之间找到某种平衡，得到了大家的认同。能看见对方眼睛的距离，确定为新天地街区的空间尺度。

新天地北里的广场是"无中生有"的。广场是一个欧洲的概念，与中国传统民居的庭院是完全不同的，街心广场是城市公共空间，是市民公共生活的载体，这个空间概念在上海城市化早期阶段并不被重视，大家都是见缝插针地造房子。新天地的设计师想把欧洲的文化记忆带给上海，新天地也需要更宽敞的户外就餐和公众聚会的空间，于是决定在北里街坊中心位置拆一幢老房子，腾出空间开辟一个小广场。

欧式小广场放在石库门街坊里合适吗？设计师们这么考虑：石库门里弄空间

有着明显的农业文明特征，新天地首先要保持里弄这种封闭的结构，同时又给里弄注入一些新的开放空间，打破这种农业文明的格局，引入市民社会的公共空间概念，提升老房子的活力，新天地需要更灵活的个性化空间，而不仅仅是线状的里弄。把广场与里弄组合在一起，就像把西方的壁炉与东方的八仙桌、太师椅组合在一起，会很有意思，相当好玩，一个充满生活气息的城市需要一点娱乐精神，有"娱"才有消费，这就是文化与商业的最佳结合点。

伍德先生还有更大胆的设计：把南部石库门街坊基本拆光，仅保留少数几幢优秀的历史建筑。理由很简单：老房子不拆除无法建地下车库，新天地没有地下车库就无法与衡山路酒吧一条街竞争。这个设想让市文管会大吃一惊，又难以接受，他们力争要保留中共一大会址南面的石库门街坊，这是保护中共一大会址周边历史文化环境的最后底线。他们说，我们一开始就讲清楚了，打开中共一大会址二楼的窗户，望出去不能有现代建筑。

伍德先生从石库门的文化角度和市场角度来解释他的设计思路：新天地要保留的石库门属于上海里弄住宅的中期阶段，称为新式石库门，而衡山路一带的历史建筑已是石库门发展的晚期阶段，演变成花园里弄洋房，在老洋房里开设酒吧餐厅，很受老外们青睐。单从老房子的魅力看，衡山路远胜过新天地，但是衡山路酒吧街区有一个致命的弱点，街上无法较长时间停车，找不到停车点，而且老房子的地底下已经没有可能再挖地下车库，地下施工肯定会震倒一片老洋楼。

伍德先生说，新天地要想有竞争力，必须把对方的劣势变成自己的优势。新天地的规划设计，建筑的功能是第一位的，外表的美观是第二位的。新天地是面向未来的，当时上海的旧城区改造，总体上采用了"汽车主导"的城市模式，新天地未来的消费群基本都是专程来消费的，而不是周边的居民，就必须为有车一族预留停车场，顺应"汽车主导"的城市模式，否则新天地就成了一个好看的花瓶，中看不中用。

新天地的石库门街坊也不具备开挖地下空间建停车库的条件，为了开发新的"生命力"，只有"壮士断腕"，整体拆除一个旧街坊去安排地下停车库。

伍德先生进一步说，旧石库门街坊区与现代建筑区的矛盾式安排，在文化上可

兴业路入口

太仓路入口广场

（上图）建筑师手绘稿，新天地兴业路入口处。
（下图）建筑师手绘稿，新天地入口处的露天广场（太仓路、马当路口）。

以表现"昨天，明天，相会在今天"的项目灵魂，在商业经营方面可以借助南里大体量的现代消费场所，弥补了石库门老房子消费场地狭窄的不足。同时，这个现代建筑也是北里石库门历史建筑与将来的住宅高楼的自然过渡，一举多得。

市文管会最终尊重了这些精彩的创意，作出了让步：兴业路南边的石库门可以拆，但要保留中共一大会址对门马路的两排石库门老房子，并且要求南面的现代建筑要限制高度，从中共一大会址的二楼窗户望出去看不见新建筑的屋顶，要能看见天空。

石库门的特点是"门"，建筑设计师在新天地的门上花了很多心思，做了很多文章。新天地面对淮海路的北里要做一个进门，这个位置原先是一幢楼房，在太仓路上。这幢楼房拆不拆？设计师们争论来争论去，话题围绕着新天地如何与这座城市融为一体，而不是隔离，希望新天地给人第一眼的印象是一个城市公共空间，一个开放的空间，方便市民进出，没有任何阻拦。如果这幢楼不拆掉，游客要穿过房子才能进入新天地，像走进一个城门口，显得开放度不够，欢迎的姿态不够。

让历史文化景区融入城市，这是新天地与一般的旅游观光景区的差异所在。

上海一些文化景点和休闲老街喜欢在入口处竖起一个大牌坊，让市民和游客很远就看见它，走到跟前才发现景点是被高墙或栅栏包围起来的，一张入场券挡住了路。新天地没有围墙，从任何一处都可以进入，里面无处不是令人流连忘返的景点，入口即是出口。

设计师们决定在新天地入口做"减法"，拆房子，目的是给外界一个深刻印象：新天地昼夜敞开大门，甚至根本就没有门，随时欢迎人们登堂入室。新天地门前是一大片空地，摆放了桌椅和遮阳伞，形成露天广场咖啡座，吸引游客来喝咖啡和休闲，让欧洲城市常见的街景出现在上海，令人耳目一新。

站在新天地与兴业路的十字路口，望着人流纵横交错，可能很少有人去留心新天地有多少个出入口，出入口的安排有多大的意义，有什么分别。但建筑设计师们是认真考虑过这个问题的。为了让新天地真正融入这座城市，而不是孤芳自赏，设计师保留了新天地南里、北里的 15 个路口、弄堂口，不围，不堵，不设卡，不收门票。它寓意了一种创新思维，让敞开式的历史空间承载起一种城市新文化：顾及他人，融入整体。

"顾及他人，融入整体"的观念对于中国今天的城市化和文化建设有着重要的现实意义。放眼各地正在建造的城市公众文化区：大剧院、体育场、游泳馆、文化馆，十有八九是自我封闭的；新建的住宅也是高墙围起来的，在城市形成一个个不相往来的堡垒,邻里守望的安全感被互相戒备所代替。我们塑造了房子,房子也在塑造我们,这样的建筑空间将会产生城市文化走向自我封闭的负面影响。一个缺乏交流、不善沟通的城市是难以创新的,难以培育出"顾及他人"的城市公共文化。

新天地设计团队有许多超前的理念和手法,与当时国内设计师的传统做法形成差异。

细节是建筑的精华,东方传统手法往往通过包金镶银的方式强调细节的不寻常,这是比较容易做到的,难的是如何让最普通最简单的东西成为最美的,让美在简单中表达。

例如对历史建筑外墙立面的处理手法,上海传统做法是在旧砖上涂颜色,再在砖缝处勾白线,让历史建筑"整旧如新",以往的几十年,大家都是这么做的。新天地的做法完全不同,把拆下的旧砖处理后作为建材放回去,不用涂料,砖缝中间抹灰也是真正的抹灰,不是描出来的,再现 20 世纪 20 年代的墙,再现历史的真实。

建筑工人正在砖缝中间抹泥灰。

（左图）改造前的石库门弄堂口。
（下图）改造后的石库门弄堂口。

新天地的总体视觉效果定位为"灰"色，这个基调一时不被上海人接受，刚刚达到温饱的市民正在崇尚奢侈华丽的色彩，"灰"缺少华贵之美，不是喜庆之色。伍德先生认为：即便同是灰色也有种种微妙的差别，但它们组合在一起构成简单中的美。

真正能够打动人的往往是一些朴实无华的东西，不张扬，很深沉，能够潜入人们的心底。

简单不是简陋，简约之美是走过奢华美的时尚。

建筑是文化的载体，很多细节都可以反映过去生活中一些有意义的东西。新天地保留了两座"文革"历史的纪念碑，造型都是弄堂口的牌坊。一座是"敦和里"牌坊，写着"嵩山打包托运站"，立在主街道上；另一座是"昌星里"牌坊，写着"大海航行靠舵手，干革命靠毛泽东思想"，立在后弄堂。当时，对这些"文革"遗存是留还是不留，外国建筑师与中国专家、当地政府干部的观念产生了文化冲突。"文革"是中国人一段不堪回首的历史，是内心的痛，羞于提及，甚至选择遗忘。中国建筑师主张借改造之机彻底铲掉这些"文革"遗存，就像铲去一段痛苦的记忆，过去的事就让它过去吧。西方建筑师的看法恰恰相反，他们说，同样的事情若发生在欧洲，它会不断被谈论和反省，目的是希望它不再重新发生。一个国家、一个民族的创新意识来自文化自觉，文化自觉需要经常文化反思，勇于把目光投向自己的文化土壤、文化基因进行反思。"二战"后，奥地利维也纳的一个公园内保留了两座巨型的防空碉堡，足有10层楼高，虽然它是维也纳被侵略者占领的耻辱记忆，但维也纳市民把它视为重要的历史建筑而保留下来，人们在碉堡上刻上一行字：不要战争。一个民族应该为自己苦难的历史立下路标，告诉后来人。守护记忆，是为了走出循环，防止历史悲剧重演。西方建筑师说，"文革"遗迹是极其宝贵的文化遗产，是文化反思的重要资源，我们不能掩盖历史，更不应该割断历史。这两座"文革"遗存纪念碑立于闹市，比冷落在郊外更能起到警示后人的作用。

追求进步、观念开放的上海干部、建筑师们接受了这些新观念，改变了原先的想法，弄堂门框上的"文革"遗存被保存下来了。

本杰明·伍德由于不是中国人，文化背景的差异使他的思想意识与中国人常有碰撞,也让他在石库门里弄感受到一些上海本地人看不见的东西。瑞安公司花钱聘请一家专业咨询公司对上海休闲餐饮的潜在市场开展调研。这份调查报告说,上海市民不喜欢在露天吃饭,有钱有地位的人更不会在露天场所请客吃饭,上海人钟情在宾馆豪华的包房用餐请客,结论是新天地安排露天茶座、咖啡座、餐桌是没有消费市场的。

伍德先生不同意这个调查结论,他用自己的眼睛看到石库门弄堂居民很喜欢露天用餐,在春、夏、秋三个季节,室外不冷,弄堂里的居民就会端上饭碗站在门外吃饭,边吃边与邻居聊天,很开心很舒畅。伍德先生很肯定地说,过去的商业零售空间都是封闭的,未来一定崇尚户外开放的空间;人们不再喜欢标准化了的东西,不是看你是否铺了大理石,而是看有多少创新在里面,是否方便人们行走,是否有不同体验的空间。专业咨询公司"看见"了上海人今天的时尚是去大理石铺地的豪华酒店请客吃饭,推崇 VIP 包房为贵宾待遇;"看见"了路边大排档、小吃摊的脏、乱、差。伍德先生"发现"的是上海目前缺少高品位优质的露天餐厅、茶座,不等于上海人不需要露天用餐,新天地需要发现潜在的消费市场,创造明天的时尚餐饮场地,人们自然会追随时尚,推崇在美好的自然环境中宴请宾客。

创新就是发现未来的潜在市场,创造新的消费潮流。

1999 年,上海整个城市都在热情地造城建楼,你追我赶,到处是尘土飞扬的工地,当时美国 CNN 电视报道称,世界上五分之一的吊车集聚在上海这个城市里。而此时,新天地的设计师团队却在潜心为上海做一个新的城市设计,创造未来的时尚生活。数年之后,上海的大地上雨后春笋般地冒出一万多栋高楼,多得数不清,也记不住,而新天地石库门老上海风格,不断吸引中外来宾欣赏的目光。

这些低矮的花丛是老树发新芽。

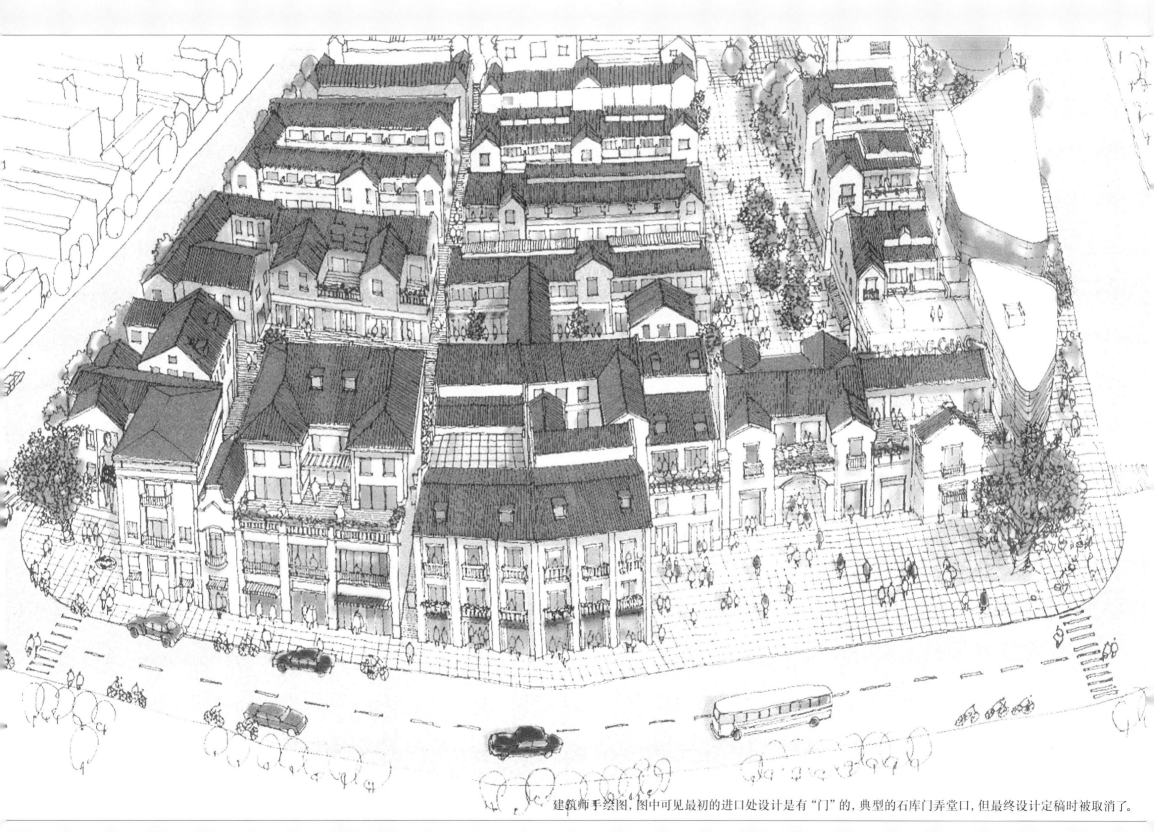

建筑师手绘图,图中可见最初的进口处设计是有"门"的,典型的石库门弄堂口,但最终设计定稿时被取消了。

新天地第一期鸟瞰图

美丽璀璨的上海新天地夜景。

四

捕捉下一个
表情

世界最大的奢侈品集团路易威登（Louis Vuitton）集团的总裁到过新天地多次。他周游世界各地，曾认为世界上有成千上万个城市，但只有四座城市——巴黎、纽约、伦敦、东京引领时尚，为人们定制流行品位，许多地方跟随时尚，而现在他发现还有一个城市——上海，这一切是因为新天地。新天地以其独特的风格，成为改变他看法的关键。他认为上海已经成为引领时尚的第五座城市。

　　最新潮前沿的时尚怎么会与石库门清水砖墙联系在一起呢？这十分令人费解。

　　新天地的设计师本杰明·伍德当年在接受这个项目时曾说过一句话：石库门建筑对于我比较容易理解，它在我眼里就好像纸上的线条，我更多的是需要去理解城市的灵魂，去理解上海人的生活，上海的文化，明天的上海人需要什么，这才是最难的了。

　　伍德先生来到上海正是20世纪即将结束时，他要为21世纪的上海人做一个城市设计，并不是简单的建筑设计。

　　建筑首先是个空间的概念。建筑的空间格局、尺度大小反映了一个时代千百万人的生活方式和内心向往，这便是城市文化。建筑设计师的本领在于准确地捕捉到那个时代人们内心的向往，并为这些内心向往设计一个个安顿灵魂的"外壳"，可谓城市设计。

　　人们对未来生活方式的内心向往是很难用语言表达出来的，人人心中有，人人口中无。建筑师是去发现并且为这个看不见的灵魂量体裁衣，做一个不肥不瘦上下合身的外套。

　　卓越的建筑设计师也是人类灵魂的工程师。

　　人们普遍有这样的生活体验，面对照相机镜头时，本能地会眨眼，笑得不自然。高明的摄影师与平庸的摄影师差距在于，他不拍你现在的表情，而是捕捉你下一个表情，在你自然流露的一刹那，迅速按下快门。

　　建筑设计师的优劣也在于此。

　　平庸的建筑设计师往往关注城市当下的表情，流行什么就设计什么。近些年来，外国建筑设计师为中国一些大城市设计的造型夸张、外观奇特的公共建筑，基本上与这座城市的文化记忆和未来的追求没有多大关系，表达的是唯我独尊、不顾及本地环境的"飞来文化"。那些建筑往往难以给城市作出什么贡献,反而向城市一味索取,甚至会加剧这一地区的弱点。虽然它们是出自外国著名设计师之手,但一个没有灵魂的建筑躯壳基本就是败笔,名人也会犯错。

当今世界最为活跃和最具影响力的建筑大师之一安藤忠雄曾经给年轻设计师这样的忠告:建筑师的职责是设计人们对话的场所,不能理解面对面谈话意义的人,是无法做好这个工作的……忽视周围的事物,仅凭自己的喜好去设计,做出雄壮却孤立的建筑将会怎样?那就无法和城市融为一体。最好把自己的想法放到次要位置,接受这座城市原本的风格,考虑作品与城市的契合度。

苏联的建筑史学者 N. 窝罗宁教授在他所著《苏联卫国战争被毁地区之重建》一书中指出:都市计划者必须有预见将来的眼光,他必须知道并且感觉出一个地区生活所取的方向,他的建筑必须使他的房屋和他的城市能与生活的进步一同生长发展,而不是阻挠。

上海下一个表情是什么?伍德先生为此 32 次飞越辽阔的太平洋来到上海,用了6 个月时间深入石库门弄堂体验上海城市风情。当然,所有的经费由瑞安公司提供,罗康瑞表现出很大的耐心,好似伸手等着捧接叶片上滴落的一颗晶莹露珠。

伍德先生后来索性租了一间弄堂老房子,生活在石库门居民中间,观察上海人吃什么、喝什么、穿什么、玩什么、听什么、说什么、想什么,为什么事笑,为什么事哭,为什么事骂人、吵架,一个美国建筑师很有耐心地走进了上海人的内心世界。伍德先生买了一辆自行车,带上照相机、摄像机,走街串巷地考察访问,他一句中国话都听不懂,也不会说,比画着手势与弄堂里的老人聊天。

伍德先生喝过上百碗的中国豆浆,吃过几十碗阳春面,拍下几万张照片,摄下了上千小时的录像。他发现石库门居民虽然没有钱,但精神上一点也不穷,不缺少快乐,那些"中国大妈"、少女少男成天乐呵呵的;石库门居民虽然新衣不多,但出门前总要打扮一番,追求摩登的向往没有泯灭过;连衣裙从短袖变无袖,男装裤的裤腿宽窄不停地变来变去,街上只要有人在服饰上花样翻新,很快就会流行起来。

伍德先生由此得出一个结论:上海是个浪漫的城市,是个 24 小时的不夜城,最

重要的是上海人希望自己很现代，所以他意识到新天地必须非常时尚，否则上海人会不屑一顾。

伍德先生还观察到20世纪末的上海市民以快生活为时尚。年轻人手持移动电话，边走边说话；姑娘头上套着耳机，边走边听音乐；客户约在餐厅里，边吃边谈生意；文化人聚在茶室里，边喝边聊创意。一心两用、一心多用成为现代都市人的象征，快节奏成为上海人的新观念。他预计，城市节奏再加快一拍，也就离慢生活的新时尚不远了。

上海人送礼送什么？这是一个重要的生活细节，体现了市民价值观。进口的雀巢咖啡，瓶装的可口可乐、芬达，是石库门居民体面的馈赠礼品。"可乐"就是水，"芬达"还是水，上海人为何互相送"水"并乐此不疲？时间久了他才明白，送来送去的不是"水"，而是流行的新口味，是快生活的象征。速溶咖啡、袋泡茶、瓶装果汁，为步履匆匆的现代人提供便捷，配合了这座城市越来越快的生活节奏，这就是时尚生活方式。当然，几乎没有人会意识到速溶咖啡、袋泡茶、熟泡面全是统一口味的；没有人想过瓶装果汁不是真果汁、瓶装奶茶里没有奶，基本靠化学剂调制出来的；速溶饮料、速成食品是有保质期的，保质期越长意味着化学添加剂用量越多，长期食用有害健康。市民一旦幡然醒悟，把控身心健康将成为新时尚。

20世纪末的黄浦江两岸，浦东展示着全球最新潮的城市风光，那里矗立起一群可与纽约媲美的摩天大厦，而浦西则是传统老城区，到处是人车混杂的狭窄街道和拥挤不堪的老弄堂，像一个活生生的地质层，叠加着两个时代的城市景色。普通市民隔着黄浦江看到的是城市日新月异，在对比中感觉自己的城市正在现代化。尽快脱离石库门弄堂，住进公寓大楼和拥有私家车成为市民的普遍向往。而这位美国建筑设计师头脑中的现代性，与当时上海人理解的现代化是完全不同的。在这位建筑师的眼里，摩天大楼就是钢结构加玻璃，上世纪40年代的美国就有了。一座城市的建筑文化表达，无论"过去"还是"将来"，都不应该是孤立的，都与"现在"紧密相连，但是，上海的城市化却以惊人的速度拆去"过去"，建设"现在"，有一股强大的力量企图推倒这座城市所有的老房子，这是很糟糕的，是一场灾难，一座失去过去的城市将失去未来！

伍德先生说，浦东到处都是新建的高楼大厦，没留下什么历史的印记，浦西不能再这样了，应该保留更多的历史建筑。他为此观点作了个形象的比喻：我母亲家的一面墙上挂着许多照片，有我曾祖父的、祖父的、我过世的父亲的、我的、我的孩子们的，是不同时期的照片——每个时期每个人的状态都不同，所以这面墙才变得那么丰富。如果全部只是挂着这些人孩提的照片，人们如何辨认谁是祖父谁是孙子呢？那会是多可笑的一件事呀！城市也是如此。

伍德先生认为，石库门街坊虽然老旧了，但仍有品质优劣之别，有些房屋质量上乘，只因过度使用，长期缺乏维护保养，若重新修复，再存活一百年没问题；有些房子因建造之初粗制滥造，早该寿终正寝，可以拆了重建，在历史建筑后面新建一批当代建筑，让城市从"旧"过渡到"新"，让人看到上海历史前进的轨迹。伍德先生对石库门改造的思路渐渐清晰起来，他要创造一个修复石库门的先例，改变人们对老房子的偏见，重新认识自己的城市历史文化。他要做一个文化跨界的城市设计：新老上海穿越，东西方文化跨界，改变东方人向西方"借"文化的错误做法。

在6个月的考察和思考中，伍德先生还有两个重大发现。他以建筑师的敏锐眼光，发现石库门老弄堂是介于私人空间与公共空间之间的半私有空间，实质上是城市的"灰空间"！灰空间是处于建筑内部与外部环境之间的过渡部位，具有公共空间的属性，同时也是私人领域。伍德先生接触了许多搬离石库门住进新公寓的市民，他们时常怀念过去的弄堂生活。伍德先生对此很感兴趣，他在发掘市民这种怀旧感情过程中发现，市民们真正怀念的是老石库门美好的"灰空间"，而这正是目前新建的公寓和住宅小区普遍缺乏的东西。上海新的住宅区建设存在一个错误观念，非黑即白，缺乏"灰空间"的概念，没有妥善处理好私人空间与公共空间之间的过渡问题，住宅区、办公区和公共文化设施往往是围墙高筑，隔断了两者之间过渡的灰空间，人为地造成了人与人之间的隔阂。

最先提出"灰空间"概念的是日本建筑师黑川纪章，"灰空间"定义的核心思想就是"内与外有一个边界，而这个边界并不是生硬的"，灰空间是市民重要的生活要素，如同人体不可缺少维生素一样。

伍德先生第二个发现是上海男人的"妻管严"文化习惯。男人们下了班就回家，很少在外面的饭馆喝酒吃饭，顾家的男人受尊重。上海男人上得了厅堂下得了厨房，烧煮洗晒样样行。傍晚是石库门弄堂最热闹的时间，男人们下班回家，放下拎包系上围裙，掌勺炒菜。因为家里的空间小，许多家庭把餐桌放在弄堂里，此时的弄堂像个露天大餐厅，居民们一边吃饭一边聊天，此时男人们又是外部世界信息的传播者。

伍德先生观察过英国男人、日本男人下班干什么。许多英国男人下班会约人去街上的自助酒吧，手里晃着杯中的红酒，很有风度地聊着各种有趣的话题，话题十分广泛，大到天下大事，小到生活琐事。英国男人上班时可以享受工作，享受成功与挫折，工作是生活的一部分，下班后相约去喝酒是享受生活，沟通最新信息，也算工作的延续吧。

日本东京的男人下班也不回家吃饭，相约去"居酒屋"喝清酒，喝了一家找下一家居酒屋继续喝，如同看电视换频道。不同的是，日本男人喜欢边喝边闹，宣泄憋了一天的负面情绪，放松绷紧的神经，日本男人的生活压力太重，上班时的气氛太压抑，对上司只能服从，心里有看法也要憋着。东京有个很有趣的文化现象：一个男人下班就回家吃饭表明他没有朋友，没有人缘，在公司没有地位。有的日本男人实在无人相邀，就独自坐在小酒馆里喝酒，喝到11点钟回家，东京的地铁晚上12点停运。

香港有个"兰桂坊"酒吧街，最初是个城市垃圾场，有人利用这一大片坡地上的老建筑，把英国男人晚上逛酒吧的生活方式拿来经营，大获成功，那条街每天晚上聚集了很多外国人和香港白领，人气很旺。

文化差异让伍德先生找到了感觉，新天地的创新就是在上海引领"灰空间"的新时尚，这是城市下一个表情，在旧石库门弄堂的改造中，呈现"灰空间"的概念，并且在灰空间地带放进上海人"弄堂晚餐"的文化习惯。伍德先生为他的创新思想起了个有趣的名字：让上海人重回家里吃饭。

这个创意遭到一些人的质疑。他们说，现在有钱的上海人住进了高楼大厦，没钱的上海人还待在石库门里等动迁，石库门是穷街的象征，怎么可能与时尚联系在一起？事实上，仍然住在石库门里的上海市民也不喜欢在家里请客吃饭，时髦去饭店包房请客吃饭，少了做菜的麻烦，多了体面的派头，认为那才是享受人生。

天才的建筑师常常有着超乎寻常的第六感觉，设计思想升华到了哲学层面，暗合中国古代哲人老子《道德经》的哲理：有无之相生，难易之相成，长短之相形，高下之相倾，音声之相和，前后之相从。古老的中国哲学逻辑与今天的创新思维是相通的，回家吃饭与上街吃饭是相互生成，轮流时尚。

上海正在走向一个激烈竞争的社会，从均贫富走向贫富拉开差距。竞争与休闲是一对双胞胎，就像光与电一样。竞争就有压力，身心难免受到伤害。人在压力之下受伤之时，会产生负面情绪，可能会做出许多错误的决定，结果把事情搞得更加复杂，更加糟糕。所以，最好的办法是先把事情放下，休息一下，与负面情绪拉开距离，调整自己的身心；与朋友、智者交流沟通，获取经验和力量，这便是休闲文化的意义和价值。

"休闲"在英国、日本等市场经济发达国家早已是平常的生活方式，但对于20世纪末的上海却是一桩新鲜事。这就是新天地建成后特别受到社会精英欢迎的根本原因。

创新是把握未来的趋势，不是现在的流行！未来的大趋势不是直线运动，而是曲线回归，貌似回到原点，但那是更高一个层面的原点。设计师的天才在于对上海人的"回家吃饭"文化进行重新诠释，"家"是城市公共空间的概念，不是私人空间；上海人不是回到自己的小"家"，而是走出家门与他人交流沟通。

新天地要创造的新潮流就是把过去、现在、未来的这条回归线表达出来，而石库门历史空间是承载这个新潮流最合适的容器。

"昨天，明天，相会在今天"，应该是城市最美的曲线。

轮回是世界万物生存发展的永恒之道，周而复始，生生不息。

新天地的设计师团队捕捉到了上海的下一个表情：休闲生活方式。

新天地由于最先表达了城市的"下一个表情"，被大家公认为上海城市化的里程碑、新地标。

发现是一码事，能不能把发现表达出来是另一码事。

历史上有不少新发现最终的结局是束之高阁，停留在纸上。这层意思用东方文化来解释是，不但要解决"道"的问题，还要解决"术"的问题。用西方文化的话说，宏观的理念要落地到无数的细节之中。

所有的创新都要回到生活中去,回到每一天的吃什么、喝什么、穿什么、玩什么、看什么、听什么、写什么……这些平凡的日常生活中。

问题关键是怎么吃,怎么喝,怎么穿,怎么玩,怎么看,怎么听,怎么写……

西方人说,细节是魔鬼。

细节全部躲藏在生活的背后。当时上海市民虽然还在流行快节奏的生活方式,但中心城区出现了一些新鲜事很耐人寻味:茶坊、陶吧、书吧,乡村的"农家乐"成为时尚。

在钻石地段的闹市喝慢茶、玩泥塑? 它是慢生活的第一道曙光,是城市节奏的异变,慢与快相随!

工业化过程中,机械取代了手工劳动,手工艺逐步退出历史舞台,而到了后工业时代,恢复传统手工业又成为新时尚。城里的陶吧是什么? 是体验亲手制作陶器的愉悦;郊外的"农家乐"是什么? 是亲手从田里采摘新鲜瓜果的体验,这些都是亲自动手的快乐,"劳动"成为一种新的消费方式。对于物质丰富、脑力劳动过度的人们,拿出一整天的时间去做"体力活",无疑是一种奢侈消费。

新天地的设计师们站在石库门老弄堂里,四周几乎都是新楼开工的打桩声,一座座大厦如山里的春笋钻出地面,天天拔节升高。市民孤独地住在一幢幢大厦中,人与人住得很近,心与心隔得很远,住了几年不知邻居姓啥名谁,甚至见面不打招呼。高楼里的大房子带来舒适,也带来了"闷"。心事去哪里倾诉、宣泄? 大量调查发现,人的疾病产生与生活环境和生活方式有着很大关联。一个方便人与人交流沟通、方便人们相互照顾的环境有利于健康和长寿。搬离石库门老房子的人开始怀念起旧房子、老弄堂的种种好处,出现了"住在弄堂怨弄堂,离开弄堂想弄堂"的奇妙心理。

进入 21 世纪,上海市民发现过去的老街旧房渐渐被高楼大厦取代,就分外看重即将消失的东西,人们开始认为旧的就是文化,不旧不文化。住进高楼大厦里的人,奇怪地滋生出一种怀旧心态,越来越多的人自觉站到怀旧的行列中来,那是上海市民的一种内心向往,是城市的下一个表情,在新天地设计师眼里便是城市文化资源,一种伸手抓不到的无形的资源。他们要把这些资源开发出来,为浮躁、焦虑的灵魂设计一个个安顿的空间。

需要设计一个平台和一种场景，满足人们对石库门的怀旧需求，满足人与人沟通的需求，但这个场所要留得住人，不是照个相就走。有什么办法能留住人呢？

石库门老建筑具有历史文化欣赏价值，文化是靠慢慢"品"出来的，"品"是需要时间的。人与人站着交流，不会超过半小时，超过半小时就站不住，要找个地方坐下来，喝茶、喝咖啡是比较合适的方式；若吃饭就可以达到一小时，加点酒就可以有两小时，话题可以更广泛，沟通可以更深入。餐饮有两种功能，一是满足舌尖的需求，二是满足谈话交流的需求。新天地的创意就是淡化餐饮的吃喝功能，强化谈话沟通功能，把"餐"与"饮"放进了石库门这个场景中，让人们喝着美国咖啡、法国红酒、中国黄酒，"品"着过去和今天，遥想未来。

设计师们赋予新天地全新的时空概念：茶坊不只是喝茶，还可以欣赏茶道表演，工夫茶取代了袋泡茶；新鲜水果当场榨汁，取代了化学添加剂调制的果味饮料；咖啡馆不只是喝咖啡，现磨咖啡取代了咖啡粉冲泡的方式。

慢生活消费的是时间资源，时间资源是无形的文化资源。

上海人在上世纪 80 年代请客吃饭历来是在石库门家里，一碗红烧肉，一碗炒青菜和砂锅三鲜汤，简单又纯朴；90 年代时兴去街上的大饭店、星级宾馆请客吃饭，水晶吊灯下一大圆桌，四个冷盘，四个热炒，主食加甜品，吃饭变得复杂又奢侈；21 世纪，新天地创造了上海人重新回家请客吃饭的新文化，回归简约生活，家常菜、私房菜受到欢迎。

新天地的咖啡馆和餐厅大多安排了室外的露天桌椅、遮阳伞，桌椅中间留出的大通道很像时装秀的 T 型舞台。走在通道上的观光客好似秀场的模特儿，路边坐着喝茶的休闲客好似欣赏者，他们又互为风景线。观光客与休闲客互相欣赏，表达了分享、互动的城市新文化。

新天地 T8 餐厅把厨房从幕后搬到了台前，厨房不再是油烟弥漫、污水遍地的场地，让消费者亲眼见证入口的食物是如何制作出来的，让人吃着放心。厨房也因此变成聚光灯下的表演舞台，大厨烧煮动作如同艺术家创作一件艺术品，现场表演透露出来的文化内涵是公开、透明。

新天地与淮海路、南京路商业街形成差异化经营。

商业街上的餐馆饭店把饭菜当作商品出售，讲究的是顾客周转率，顾客用餐速度越快，桌面翻转次数越多，餐厅的营业额越高。营业员巴不得顾客快吃快走人，可以"翻台面"招待下一桌客人，追求跑量。顾客用餐时间过长，营业员的脸色立马难看，态度就有变化，弄得顾客有点紧张，顿时没了进餐厅时的好心情。街上的餐馆都有固定的营业时间，关门时间还没到，营业员已在催促顾客快吃快付钱，甚至采用关灯、扫地、放噪音的手段变相哄赶顾客。

新天地出售的是时间，让人享用人生美好的时光，提供的是令人舒适的空间、美味佳肴和高品质服务。新天地做的是生活性服务业，赚的是服务品质的钱，所以挑选的服务员要让顾客看着顺眼，中文、英文两种语言沟通都没问题；笑脸相迎，笑语相送，一句"欢迎光临"发自内心，还要目光与顾客对视三秒钟。他们会察言观色，依据顾客要求的速度出菜，顾客是三五个知己朋友聚会或休闲聊天的，上菜速度要慢一点，配合顾客的悠闲情绪和心情；顾客是要"赶场子"赴下一个约会的，上菜速度就快一点。能干的服务生具有"自来熟"的本领，能记住客人的脸和"姓"，顾客再来餐馆，服务生能一眼认出他："某某先生来啦，今天要不要换两道菜?"让客人在朋友们面前很有面子，备受特别对待的感觉。最有意思的是餐厅、酒吧只有固定开门时间，没有固定的关门时间，酒吧里只要还有一位顾客就不可以关门，也不可以催客人走。有时时过三更，实在太晚了，酒吧主管会送一杯酒或饮料给顾客，客人是聪明人，马上明白是什么意思，"不好意思，不好意思，忘了时间了"，匆匆结账走人。

商业街上的百货商店曾经颠覆了传统落后的集贸市场引领了一百年的商业时尚，但是这种商业模式忽视了一个重要问题：零售方式本来就是生活方式的一部分，是物质化的人际交流方式和社会交往方式，现代零售方式将重心放在商品销售上而忽略了原有的社交属性。新天地是房地产向商业领域的跨界发展，创造了商业地产模式，它的优势就在于放大了商业零售中的社交属性，因此大获成功，引领商业的新时尚。

歌德有句名言：理论是灰色的，生活之树常青。新天地开发上海的城市文化资源不是图解文化，让人感觉走进了历史博物馆，新天地的美妙空间是由视觉文化、听觉文化、嗅觉文化、触觉文化、味觉文化组成的。青砖墙，瓦盖顶，石库门，百叶窗，烛光摇曳，路灯朦胧；时髦女郎，白发学者，黑人歌手，白人舞者；葡萄美酒，咖啡飘香，海派音乐，艺术画廊，还有迷你博物馆，一种时尚，一种品位，弥漫在空气中，你可以看见、听到、嗅到，伸手可以触摸到，这就是生活，也是艺术。

历史文化可以间接地转化为商业价值，它是新的价值观，是生活品质的体现，它是非物质的，是心理的，这是历史建筑的文化价值。新天地通过开发性保护石库门，加上现代餐饮、文化娱乐多种元素组合，在老弄堂里创造了新时尚。

瑞安本是一家建筑营造商，在创新思维的驱动下，从地产领域跨界到了商业领域，成就了自己的梦想，创造了几个关键词：穿越、跨界、包容、融合，成为上海的城市新文化。

这个新文化源起于生活方式的转型，流行于时尚设计界，影响了一座城市的下一个表情。

五.

不做广告
人传人

新天地的设计师们在兴奋地创造上海下一个时尚时，不得不正视当时的一个现实：这座城市几乎所有的人都认为石库门是穷街陋巷，是落后的象征，是城市的包袱，拖累了城市现代化的脚步。逃离石库门、拆除石库门是民心所向。这种时候，谁站出来说石库门要保护，石库门很时尚，将被市民指着鼻子骂：那你为什么不来尝尝破房子拥挤不堪、臭烘烘的味道！保留、保护石库门无疑是逆潮流而动，看来，引领新的消费时尚，不但要改变人们传统的消费习惯，还要改变人们对石库门老房子的看法。

新天地开发商需要做一个浩大的工程：转变市民观念，重新认识石库门。

如何准确地向市场传递新天地的创意？还需要一个有创意的市场推广策略。几家国际大牌广告企划公司纷纷来竞标新天地的市场推广策划方案，几乎都是让瑞安公司大投入，大制作，大量投放广告，靠广告轰炸来提高知名度，吸引高端消费者。只有一家公司拿出了"不做广告"的市场推广策划方案，引起了瑞安管理层的兴趣，它是香港世联公关顾问公司，其推广策略的核心思想是七个字：不做广告人传人。

不做广告并不是为了省钱，其策略来自对一个潜在市场的洞察："体验消费"时代正在向上海走来。

传统消费时代，茶就是茶，菜就是菜，喝茶环境和饭菜造型在人们消费观念中是花里胡哨不实在，人们追求分量足不足，口感好不好，价格实惠不实惠。

体验消费时代，物质大为丰富，"吃什么"已不成问题，"怎么吃"变得重要起来，环境和服务的位置不断靠前。一杯茶，一碟菜，讲究用什么碗、碟来装，餐馆的环境如何，桌椅是中式的还是西式的，还有灯光处理、背景音乐、窗外景观、花草装饰、服务员水准如何，还要看今天的心情，是和谁在一起品茶用餐……完全颠覆了传统消费时代的观念。

转型期的上海，一批有国外生活阅历、有消费能力的市民，开始有了体验式消费的概念和需求，但大多数人的观念和消费习惯仍处于传统消费时代，他们仍然关心杯中的咖啡、红茶，桌上的白酒、饭菜，讲究的是实在，对环境布置、窗外景观没有更多的感觉和要求。

新天地若投巨资做广告，已经转型和还未转型的不同消费层次的人，都好奇地会来看新天地。懂得体验消费的人会对重回石库门"家"里吃饭大加赞赏，即便餐饮的价格比淮海路上的餐馆高出一倍，也认为物有所值，高高兴兴掏腰包；不懂体验消费的人对重回石库门的"家"没感觉，在他们眼里，石库门总比不上五星级宾馆豪华，聚在封闭的VIP包厢里喝酒才是身价，新天地的露天酒吧、餐厅的价格让他们吓了一跳："凭什么呢？这不是宰客吗！"上海终究是大多数人没有转型的，多数人的声音可以盖过少数人的声音，新闻媒体有可能用"宰客"的话题批评曝光。新天地可能还没起步，就栽在"宰客"的坏名声里了。

　　人传人，首先要在懂得体验式消费的人群中间口口相传。

　　人传人的概念与美国哈佛大学一位学者的"六六原理"很相似，"六六原理"说：只要一个人有6个朋友，每个朋友又各自与6个人交往，这样推而广之，他有可能和全人类的任何一个人扯上关系。

　　瑞安公司经过社会调查发现，上海是个精英型社会，少数精英是生活方式的主导者，大多数人是追随者。想改变一座城市大多数居民的看法，首先要改变城市精英的看法。

　　在精英群体中口碑式地传播，巧妙地借助了精英个人的名牌效应，可信度高，远胜于媒介广告的传播力度。

　　瑞安公司开了一份人传人的名单：中外国家元首，上海政界的高官，外资的和国资的金融界巨头、大企业家；著名建筑设计师、会计师、律师、评估师、广告创意人等国内外专业人士；各国驻上海总领事馆高级官员；各国驻上海的商会会长；各国新闻媒体驻上海记者；上海新闻界的总编、台长、部主任；上海文化界名人、名演员、演艺界明星。

　　政府领导们被排在首位，他们是掌握社会资源最多的人，是精英阶层中的宝塔尖。

　　让城市决策者尽早关注这个开发项目也是"人传人"策略的核心。新天地项目必须在2001年6月前竣工，迎接7月1日中共80周年党庆日和11月的APEC会议。由于这些重大政治因素的存在，这个开发项目的政治色彩很浓，关系到一座城市的声誉。因此，工程最重大的开发事项需要得到上海市委、市政府最高决策层的认同和批准。若等项目全部竣工再请市领导来审核，即便有意见也已经没有时间返工了。最好的办法是让政府审批部门提前介入，把石库门改造的过程对政府部门公开、透明，尽早把政府部门的看法和建议糅合进去考虑，时时沟通交流，而不是建完后送审，这样可以大大缩短审批流程的时间，一环扣一环地衔接。这也正是政府部门希望看到的做法。

瑞安在 1999 年年底做了石库门样板房，把一条弄堂的石库门老宅改变成新潮的餐厅、咖啡室、画廊功能的共享空间，开始了为期一年半的"人传人"推介活动。

这个庞大的"人传人"推广计划，当时听上去近乎天方夜谭，今天看来还是浪漫得有点离谱，单说邀请中外国家元首一项计划就够惊人的：中共建党 80 周年庆时，邀请时任国家领导人在参观中共一大会址时看看新天地；APEC 会议期间，邀请美国总统、俄罗斯总统参观新天地。

当时瑞安公司在上海还没有名气，公司去拜访政府部门，递上名片，对方会问：你们是浙江瑞安市的公司吗？一家不出名的开发商，怎么够得着行政权力的"塔尖"——上海市党政领导。

瑞安想在 APEC 会议期间邀请各国元首参观新天地，首先要打通各国领馆的通道，外国元首在会议期间参观上海什么地方，驻沪领事馆有很大的话语权，而瑞安公司根本没有各国驻沪领事馆的人脉资源。最初，新天地举办了一些名人画展、派对酒会，向 36 家外国驻沪领事馆发出的邀请都石沉大海，估计那些邀请函到了秘书那里就被处理进了废纸篓，因为秘书们不清楚石库门是什么，新天地又是什么。

过河，先要解决船的问题。

一天，瑞安的公关部从上海对外友好协会得知俄罗斯一位著名女画家应邀来上海办画展，这个文化交流项目正在寻找赞助商。瑞安马上迎上去，主动提出承担画展的全部费用。女画家来考察展览场地，一到新天地就被整旧如"旧"后的石库门老房子吸引住了，有中国味，又有欧洲文化元素，马上答应画展放在新天地举办。双方协商开幕式嘉宾名单，新天地建议邀请上海 36 家总领事馆领事都

俄罗斯知名女画家在新天地样板房举办画展。图为画展开幕仪式,主席台上站着俄罗斯女画家(右二)、俄罗斯驻沪总领事(右三)和上海文化界代表。

来出席,新天地再赞助一个丰盛的开幕酒会,并帮助画家邀请上海的艺术家、企业家、银行家出席,将画展开幕式做成一个 200 人规模的高层次的 Party。女画家一听更高兴了,答应由她去请俄罗斯驻沪总领馆帮忙。由于画家的名气,俄罗斯领馆出面邀请到英、法、美、德、意、日等国驻沪总领事或文化领事来捧场。36国驻沪总领事相聚一堂不是小事,惊动了市政府外事办公室,当晚,上海分管外事工作的副市长也亲自出席开幕式。周副市长还分管全市旅游工作,他早就从市旅游委的秘书长、处长们口中听说了石库门新天地,亲临现场一看,果然不俗,很有创意,值得推广。周副市长向罗康瑞先生表示祝贺,并在开幕式上充分肯定了新天地对上海旧区改造的贡献。罗康瑞先生借此机会介绍了新天地的开发理念,赢得各国外交官一片赞扬。画展获得了巨大成功,画家的一部分作品很快被人订购。但最大的赢家还是新天地,新天地的形象和名气在各国领事馆中产生了"多米诺骨牌"效应。从此之后，法国领事们经常来新天地喝咖啡、用餐，意大利总领事把当年的意大利国庆晚会放在新天地样板房举办。意大利总理访问上海时，在总领事的推荐下特别参观了新天地。意大利总理当场指示要在新天地设立"国家新成就展示厅"，他认为新天地的改造理念已达到当今欧洲的水平，又有中国特色，是奇迹，日后定能吸引全球眼球，是意大利商品最好的宣传推广之地。

邀请到国内政界、商界、新闻界、文化界的领袖不容易，需要人脉关系，拥有人脉不是中彩票、凭运气，而是耐心建立一条条渠道，功到自然成。

新天地在公关的实践中悟出一个小诀窍：领导的活动都是被事先安排好的，安排领导活动的那个人很重要，高明的办法是让安排领导活动的人先来看新天地。

这场"人传人"的市场推广的方式，是从政府的科长、处长、办公室主任做起，从企业的总经理助手做起，从新闻媒体的记者、部主任做起，从各界协会的秘书长做起，递进式一层一层向最高决策者推上去。

所有的推介活动放在新天地样板房里举行。这时，石库门改造的样板房分别做出餐厅的环境、咖啡吧的环境、画廊的环境，帮助人们理解石库门建筑在整旧如"旧"后如何改变居住功能为商业功能，改变私人空间为共享空间的。样板房每天都有参观活动以及歌会、舞会、宴会，每周都有西式的派对和中式的聚会，每月都有一个新的画展，以各种名义邀请政府部门、企业、商会、新闻媒体、文化人、艺术家等社会人士来了解新天地，感受石库门的新生。

这项市场推广宣传活动耗资 7000 万元，令人咋舌。

但是，用今天互联网平台的眼光看，7000 万元并不贵。新天地本想采用口碑式传播的市场推广策略，经一路发展最后演变成一个城市精英共同参与的平台。

平台是一种新思维，是参与、分享的新文化，正如新天地市场推广策略的一段表述：新天地已设想的，等待你来参与；新天地没想到的，等待你来创造！

开启新天地推广宣传的首场活动，是 1999 年 11 月 3 日举办的"名人名作艺术展"。沪港文化交流协会会长姚荣铨先生是立下头功的，姚先生原是《新民晚报》文艺部资深记者，在上海和海外文化界人脉相当丰富，平日里奔走于上海和香港之间推动两地文化交流。他在出席1999年10月开幕的首届中国上海国际艺术节时，站在"名人名作艺术展"大厅里萌发了一个创意，若把"名人名作展"移到新天地，与石库门相结合，一定会给人很特别的感受。他与瑞安公关部共同策划了一个计划，然后去游说艺术节组委会秘书长。姚先生说，国际艺术节上的"名人名作展"的展览时间只有三天，实在太短，中共一大会址旁刚刚冒出一个石库门外形的"新天地"，是个全新概念的展览功能场地，可以展出一个月甚至更长时间，可以试一试。艺术节组委会秘书长在姚先生陪同下专门来考察了新天地样板房，他走进石库门老房子里，眼睛一亮，果然不俗，特有创意，相信画家们一定会喜欢，还可以免费延长展期，扩大影响，何乐不为。当即同意国际艺术展闭幕后，挑选部分国际、国内知名画家的作品移师新天地，其中有著名旅法画家赵无极，旅美画家陈逸飞、丁绍光，中国画家石虎和施大畏等名家的名作。

"项庄舞剑，意在沛公"，新天地样板房展出国内外著名画家的作品真迹，目的是利用名人效应去邀请重量级政界、文化界、企业界的人看名人名作展。果然，画展开幕第二天，姚荣铨通过他的人脉关系请来了著名科学家、上海大学校长钱伟长先生

"名人名作艺术展"开幕式，艺术家向罗康瑞先生赠送一幅题为《海鸥》的水彩画。

著名科学家钱伟长（前排左一）参观新天地样板房，罗康瑞（前排右一）作介绍。

和文化部领导。一位著名科学家和一位文化部领导人走在改建后的石库门老屋里，目光和兴趣显然都不在墙壁上的名人名画，而是这座老房子。他们看了一楼看二楼，走过长廊进房间，一路走一路感慨，用了"化腐朽为神奇"六个字来概括他们的评价。钱伟长曾担任过全国政协副主席，很有战略眼光，他询问文化部领导：北京的四合院胡同有没有这样的改造概念？没有的话，可以把瑞安公司引荐给北京市政府。

午餐时，钱伟长说他很喜欢这个老房子里亦古亦今、亦中亦西的文化氛围，罗康瑞先生接口道，石库门原本就是中西合璧的产物。钱伟长借题发挥，道出他对城市新文化的思考："严格地说，新天地表现的不是中西合璧而是中西融合！文化合璧不同于文化融合，合璧依旧你是你，我是我，融合是我中有你，你中有我，新天地是把传统与现代、东方与西方的文化做到了融合的境界。我预计新天地的做法将会对上海许多方面产生影响。"科学家的眼光十分敏锐，入木三分，并且用了"文化融合"这个关键词，时间是 1999 年深秋，"跨界"、"融合"正处在开元之初。

从此以后，新天地市场推广的文稿不再用"中西合璧"，改用"文化融合"了。

接下来新天地邀请的贵宾是上海美术家协会主席、上海美术馆馆长方增先。方馆长的第一反应是"破破烂烂的石库门有什么好看的，还能改成什么样"，方馆长很忙，每天都收到各类邀请函，抽不出时间来看新天地。新天地的推广宣传人员懂得沟通要有耐心、诚心，填平"沟"才能畅"通"。他们安排美术馆的办公室主任、展览部主任先来参观新天地，坐在石库门里新搭建的玻璃棚下，喝着英国红茶，享受阳光，享受四周墙壁上挂着的油画作品，感受美术展览空间的创新。打通了方馆长办公室负责人的"关节"，还要等待时机。"名家名作展"是邀请方馆长来参观的最好理由，他在部下的鼓动和安排下来到新天地样板房参观画展。悬挂着一幅幅美术作品的石库门展览厅令他大吃一惊，破旧老房子竟然变身为如此漂亮的画廊、展示厅，突破了传统展览馆的概念，令他耳目一新。之后，他不但自己再来看，还经常带朋友来欣赏。

11 月 13 日中午，新天地和原卢湾区委、区政府接到市委办公厅的通知，市委副书记下午要来视察新天地项目的工地。这位市领导听到了一些画家对新天地的"石库门画廊"概念的赞扬声，产生了前来参观视察的兴趣。从天而降的好消息令罗康瑞董事长和瑞安公司高层既高兴又紧张。市领导在新天地的施工现场，头戴安全帽，走走看看整整 20 分钟，不断提出各种问题，对区委书记、区长和罗康瑞先生的情况介绍，既没有一句肯定的话也没有一句否定的话，让瑞安高层们心里直打鼓。

新天地改造之初，市文管会来的专家们一场石库门保护的学术争论就让瑞安公司有点吃不消了，居民动迁走了，项目不能开工，成天在会议桌上争论石库门保护方式是对还是错，土地在晒太阳，各种开支天天像流水一般出去，公司管理层心里真是既着急又无奈。一旦市文管会说"不"，项目搁浅，公司就惨了。市文管会的专家也没错，他们是这座城市文化的"守门人"，要守住最后的底线。市委副书记是市文管会主任，他的表态对这个新项目是至关重要的。

市领导原计划视察半小时后要赶下一个会议，他突然说"不走了，找个地方坐下来谈"，瑞安公司高层和区政府领导更紧张了。市领导坐下来，先笑再开口说话，这让大家松了口气。他对罗康瑞说："我在欧洲看过许多历史建筑，旧工厂改造的餐馆酒吧、旅馆、美术馆，就想到我们上海也应该对老房子采取这种改造方式，上海的石库门怎么改我还没想透，今天看下来我很高兴。"他对着罗康瑞说："你们为上海做了一件大好事，石库门如此改造，是政府早就想做但目前还不会做，也没有足够的财力来做的事。你们开了一个很好的头，闯出了一条石库门保护利用的新路子。"

市委副书记对石库门整旧如"旧"的改造理念和手法给了很高的评价，那天他高兴，话就越说越多，即兴发挥给出一连串金点子：新天地是面对世界的，治安民警要派年轻英俊一点的，民警的形象代表了中国，要选一些漂亮的女民警，民警要会说英文，懂得如何与外国游客打交道。新天地可以借用美国迪士尼乐园的概念，清洁工也与众不同，高薪聘请大学生来做，会英语还能兼导游，让他们穿着20世纪30年代的服装，扫帚在他们手里就是舞台的道具。他甚至浪漫地畅想：可以搞两辆人力车，拉着旅客在弄堂里转转，搞几个卖纸烟的小贩沿着弄堂叫卖，还可以放两个专门画像的画家在弄堂口，给游客画像。新天地要达到欧洲旅游景区的水平，为上海也为全国做个示范。

市委副书记的讲话无意间转换了角色，从城市领导者变成新天地建设的参与者。

新天地在两年半的创建中，应邀来过新天地的领导和各界精英，都在参观过程中留下各种各样的看法和建议，他们是"意见领袖"，他们希望新天地的建设能够朝着他们向往的城市生活方式努力。没想到，一场"人传人"的市场推广活动，转化成集体创意新天地的活动。"参与"让这座城市的领导者和社会精英对正在孕育的新天地产生了期待、认同感和归属感。

市委副书记不但参与意见，还以实际行动支持和帮助新天地的建设。不久，新天地警署正式成立，办公地点设在新天地，警员不但年轻英俊，而且具备基本的英语会话能力。

新天地的第二道宣传冲击波，是面向全球展开的"人传人"式推广宣传。

2000年，一批欧美国家电视记者来上海采访，市府外办新闻官把记者们带到浦

新天地里的人力车夫、旗袍女人都是演员，舞台布景是真实的石库门弄堂。

东陆家嘴金融区拍摄，虽然上海市政府的新闻官兴奋、自豪地介绍自己城市的辉煌成就，但费尽口舌也引不起这些西方记者的兴趣。他们坦言，这些大楼我们国家都有，拍了带回去也播不出来。一位荷兰的电视记者突然发问："上海有没有自己的历史建筑保护项目？可以带我们去参观采访一下。"新闻官马上想起了正在建设中的新天地。当时的新天地还只是一片工地，刚刚建了一个样板房，改建了一条老弄堂，这批外国记者来到后眼睛发亮，兴奋异常，一会儿攀到高处拍摄，一会儿伏在地上拍照，从各个角度取景，那位荷兰电视台记者竖起大拇指，对市府新闻官说，这些改造后的老房子让他感到一种震撼力量，没想到中国进步到与我们欧洲差不多了，我今天抓到了一个好新闻，拍到了一条好片子，肯定会有很好的收视率。

还有一次，市旅游委陪同一位法国著名杂志的主编参观上海城市规划展示馆。

规划馆有一个巨大的城市总体规划模型,上海已经建成的高楼大厦全部按比例缩小在模型中。年轻的女讲解员用英语向这位法国女士自豪地介绍道,我们把旧上海的老房子全部拆掉了,上海将变成一个崭新的大都市。女主编疑惑地发问,上海真的把自己的历史建筑全部拆掉了?那是多么可怕的一件事!讲解员被问得一头雾水,不知如何作答。她神情紧张,以为说错话了。市旅游委的处长马上为她解围说,上海还是保留了许多优秀的历史建筑的,比如最近正在建设的新天地项目,是一个很好的老建筑改造的案例。法国杂志主编说她很有兴趣,要求参观新天地样板房。新天地让女主编很兴奋,她说,她回去要为上海写一篇文章,这座城市已经懂得怎样保护自己的城市历史文化了。

欧洲舆论不断对新天地的肯定性报道引起了上海市市领导的重视,意识到新天地的做法代表上海城市进步的形象,便开始把新天地列为上海的对外宣传窗口,决定今后凡是外国记者到上海采访,就把新天地作为一个采访点。从此以后,在市政府外办、新闻办、旅游委的引导、推荐下,参观采访新天地的外国记者越来越多,新天地的名声和形象,通过各国记者的文章走出上海,走出中国,走向全世界。甚至新天地的名气在国外比国内更大。一些外国代表团到上海,主动提出要看看新天地,倒让上海有的接待单位很尴尬,"新天地是什么?新天地在哪里?"赶忙提前来了解新天地,出现了"出口转内销"的奇妙现象。

在几位副市长看过新天地项目,赢得一致好评后,时任上海市市长的徐匡迪决定以调研旧城区改造课题的名义,率市政府各主管部门领导视察新天地工地。徐市长听取了罗康瑞先生的汇报,察看了工地,又仔细参观了样板房。他平时对上海的旧区改造有诸多思考,汪洋大海般的石库门老房子是拆还是留一直萦绕于心,新天地开发性保护石库门的做法令他眼前一亮。徐市长慧眼识宝,当场决定了两件事。

第一件事,他说:"今后凡是中央领导来,外国元首来,中央的部长们、各省省长们来上海时,都要安排他们来看新天地,新天地采用新思路保护城市历史文化的做法,具有全国推广的意义,也让国际上了解我们的城市化进入什么阶段。"徐市长这条指示整整执行了 10 年,后继的上海市市长从来没间断过。

2001年的上海市市长外国企业家咨询会晚宴在新天地举办，可谓新世纪盛宴。

　　在市委、市政府的安排下，外经贸部副部长龙永图访问上海时视察了新天地，外经贸部部长石广生视察了新天地，国务院副总理钱其琛视察了新天地，国务院副总理李岚清视察了新天地，国务院总理温家宝视察了新天地，国家主席江泽民视察了新天地。还有31个省、市、自治区的党政领导都到过新天地。

　　第二件事，徐市长说，新天地在明年下半年可以建成了，明年的上海市市长国际

　　企业家咨询会的晚宴就放在新天地,让远道而来的国际企业家、专家们实地感受一下,为上海下一步的城市发展出谋划策。

　　市长给力,如同在蒸汽机火车头的炉膛里加了几铲煤,新天地这个火车头跑得更有劲了,一路高歌猛进。到了第二年秋天,新天地南里现代建筑的中庭落成,2001年11月4日,第十三届上海市市长国际企业家咨询会晚宴在新天地南里中庭举行。

加拿大众议院议长代表团参观新天地，瑞安公司吴志强副总经理（前排右二）正在向客人作介绍。

2001年初，确认出席APEC会议的环太平洋国家如美国、俄罗斯、加拿大、日本等国的驻沪总领馆官员都已到过新天地，也都相当欣赏石库门改造而成的休闲文化景区。各国领事馆向出席APEC会议的国家元首先遣小组推荐，把新天地列入元首在上海可以参观的地点。这些总领事们认为，新天地是上海进入新世纪以后，在城市化过程中一项最新的创造和进步成果，值得向国家元首推荐，旧城区更新是个世界性的难题，石库门新天地的改造模式具有全球推介的意义。

而在上海方面，筹备APEC会议的所有政府部门的主要领导和具体操办事务的处长们，几乎都参观过或听到过新天地的名气，在安排外国元首参观景点时，不约而同地把新天地列入其中，认为它能代表上海城市化进步的形象。

一切水到渠成。

APEC会议期间，俄罗斯总统普京在俄方和中方的推荐下，来到了新天地的"壹号会所"，这是他飞到上海的第一顿晚餐，一顿上海风味的家庭聚餐。APEC 会议期间，加拿大总理、新加坡总理、泰国总理等许多外国政府首脑在上海市政府的安排下，分别来到新天地，并在石库门餐馆用餐。

中外政要到过的地方，名人常去的地方，"金领""白领"们常泡的地方，引起了社会关注，他们的个人品牌和名气引领着消费市场的走势。

新天地被人们口口相传，如同海浪一波一波地扩展开去，到了APEC 会议期间已成滔天大浪之势，汹涌澎湃。

事物的走向有时并非像人们一开始想象的那样，也并非人的愿望所能完全把控，有时比人们原先的设想更高明一些，这是因为有更高明的人参与的缘故。新天地的初衷是人传人的市场推广策略，结果成为大家共同参与、出力的平台，高端文化与草根文化，外来文化与本地文化，历史文化与拓展文化，各种文化资源在自觉或不自觉的状态中上了这个大平台，形成了参与、分享的"平台文化"新思维。新天地能达到有口皆碑的境界，归功于平台效应，这是开发商事先没有预料到的。

新天地的"平台"现象，应了古代哲人庄子的一句名言：其作始也简，其将毕也必巨。起初是星火之小事，结束时已成为燎原之大势。

六

最高境界是个
"疯"

新天地的创建之初恰逢 1998 年亚洲金融风暴, 业界并不看好这个开发项目。瑞安公司在香港找银行贷款, 银行说, 它像房地产又不像房地产, 有点像文物保护, 有点像旅游项目, 有点像娱乐项目, 就是不像个能够盈利的开发项目, 回绝了瑞安公司。罗康瑞先生一意孤行, 坚持要投资新天地项目, 瑞安董事会成员群起反对, 认为风险太大。罗康瑞在董事会上听完每个董事的意见后, 说: "你们的想法我知道了, 你们说到的风险问题, 我都想过一遍, 我决定就这么做了。"当时, 瑞安不是上市公司, 罗康瑞是占 90% 的大股东, 绝大部分是他的钱, 他可以做主, 说话算数。其实, 他在董事会召开之前问过财务总监, 如果新天地项目投资失败公司会不会破产, 听到不会倒闭的回答后, 一扬手就定了!

出色的创意往往都具有超前性, 要想认知一个新兴市场, 除了冒险入市, 并在做的过程中不断调整改进, 别无他法。时机很重要, 稍纵即逝。有些创新项目不成功, 是因为选在错误的时间入市, 与创意本身无关。

银行不愿贷款的判断, 来自各类令人担忧的经济数据以及对许多不确定因素的担心, 所以, 一有风险就往回缩; 罗康瑞敢于冒险的决心来自对一个梦想的信念, 对未来大势的判断, 是凭多年投资经验的直觉。罗康瑞自从 20 世纪 70 年代创业以来, 已经历过经济大势的起起伏伏, 学会了看得懂经济环境和抓住机遇。经济发展如同大江之浪, 有起有伏才有力量推着一江春水奔向大海, 经济 "一起" 与 "一伏" 的变化时期就会有商机出现, 经济低潮常常是房地产进入的最佳期, 成本较低, 而建筑竣工之日可能遇上经济好转, 能卖个好价钱。20 世纪 80 年代中期, 香港经济不景气, 许多香港人在 "回归" 前抛售物业移民海外, 罗康瑞逆市而行, 仅用 3 亿元港币, 买下了面向维多利亚港湾的香港瑞安中心地块, 后来香港市场恢复, 有人愿出 70 亿港币的市场价来买瑞安中心。

古往今来, 真理常常掌握在少数人手中。发现真理难, 坚持真理更可贵。"发现" 与 "坚持" 都需要创新的思维, 创新要冒风险, 创新也需要一个好的机制, 公司越大越不敢犯错误, 因为犯错误成本巨大! 所以只求不错。创新往往出自小公司之手, 船小掉头快, 犯错误成本比较低, 也算一种创新的规律吧!

创建新天地时的罗康瑞先生，意气昂扬。

当年罗康瑞正年轻，年轻也是一种资本，有足够的时间允许失败后重新再来，因为创新不可能一次就成功，容易成功的事别人早就做过了。瑞安像个上进心极强的小青年，公司虽小但灵活，罗康瑞和他的团队成员是面对面领导，不用走程序，一切围绕重点和价值，有事当面一合计就拍板定了。亚洲金融危机中，许多在内地投资房地产的香港大企业纷纷抽资返港自保，而一个充满创新活力的瑞安公司反其道而行之，在国内外银行都不贷款的情况下，携带公司自有资金 8 亿港币，在上海"搏"一次曙光初露的机遇。投进新天地首期的动迁费 6.7 亿元人民币，拿下一片占地 3 公顷的破旧街坊。

罗康瑞先生周围的人说，这个老板疯了。

中国不缺聪明人，不缺金点子，也不缺市场，就缺敢于冒险的创业者。创业的风险很大，许多想做第一的人都倒在路上了，创业者大部分人成为"先烈"，只有少部分人成为"先进"。

一个人做事的态度取决于他的价值观、人生观。对罗康瑞而言，在安全与冒险的边缘游走是人生最美的境界，如同乒乓球比赛，好球常常是打在界外与界内的边缘，让对手和自己心跳，也赢得满堂喝彩。

新天地设计师本杰明·伍德曾感慨说，罗康瑞对新天地最重要的贡献不是他拿出了很多钱，而是面对所有的人都反对这个项目时，他义无反顾地坚持下来了。

其实，在新世纪来临前的 90 年代末，休闲生活方式正在形成市场，破旧的石库门可否改造成休闲娱乐场所？上海已有一些商业企业的触角碰到了它。但是，感觉是一回事，下手做又是一回事，大家都停留在口头上，没有动手去尝试。罗康瑞胆子大，下手快，创新有时就凭一种直觉，有个五六成把握就砸钱下去干了！那些没有及时动手的企业，往往是把不可预计的因素想得太多，遇事首先找风险在哪里，市场风险、财务风险、法律风险，越找越不敢做，还没想明白，罗康瑞已经做成了。

当 1997 年亚洲金融危机大潮渐渐退去之时，新天地像一颗耀眼的明星在中国内地冉冉升起，人们才认识到罗康瑞温文儒雅的外表之下，实际是个勇敢的冒险家，一个敢于跌倒爬起来重新再来的冒险家，一个不安于惯性延续、敢于告别成功、敢于一切从头开始的冒险家。于是人们开始对他的胆略和远见，以及他的身世和经历充满了好奇。

说起罗康瑞的经历和成功原因，不得不提到他的严父慈母。罗康瑞的父亲罗鹰石，香港鹰君集团的创始人。罗鹰石有七个儿女，他教子严格，与众不同。每天晚上，他要求孩子们与他共进晚餐，听他讲当天发生了什么事，遇到了什么人，如何处理工作中各种各样的矛盾，如何与社会上形形色色的人打交道。罗康瑞说起孩童时这一段经历时，称之一天中最难受的时间是与父亲吃晚饭，兄弟姐妹们都想快点吃完快快离开餐桌。时至今日，已有一对儿女的罗康瑞方才领悟父亲教子的一番苦心：让孩子从小耳濡目染做人之道，做事之经。罗康瑞从小到大没有父亲带他们逛公园的记忆，印象最深的倒是父亲常常在星期天带子女去看工地。父亲的言传身教让罗康瑞从小受到市场经营知识启蒙，令他比别的孩子对市场更为敏感。但父亲并不满足这一切，他要不断给孩子"挫折"教育，这是富家子弟最缺的一课。中国文化中有一种负面的旧观念，认为失败和挫折是羞耻的，但一个人怎么可能天生会成功？西方文化的一个特点就是勇敢地接受失败，从不讳言失败，认为失败是成功之母。罗康瑞15岁那年父亲要送他去澳洲留学，母亲想为他买张飞机票，父亲说："坐飞机就不用去澳洲了，出国留学是去吃苦的，不是去享福，让他坐船去！"结果，父亲还不让他坐大轮船，而是坐小货船，并和水手们住在空气混浊的舱底。他在海上漂了13天，吐了13天，罗康瑞后来一听坐船就心有余悸。在澳洲学习放暑假了，罗康瑞向父亲要钱回香港度假，父亲回信说，你不用回香港了，去打份工赚自己的学费和生活费，今后要靠自己养活自己，他不再寄生活费和学费了。罗康瑞当时觉得父亲太不近人情，赌气三天不出门，但很快手头的钱越来越少，眼看要饿肚子了，只好去餐馆打工洗盘子。他端过盘子，卖过冰激凌，做过汉堡包，当过酒店的 bus boy，甚至去酒吧唱歌赚钱。打工的经历让他接触了社会底层的各种人，打工不但让他学到了生存技能，还洗去了身上的富家公子哥儿气。

自古寒门出贵子，从来纨绔少伟男。成大业者"必先苦其心志，劳其筋骨，饿其体肤，空乏其身"，罗鹰石先生是真正领悟了中华文明的育才精髓。

罗康瑞从澳洲学成归来，在他父亲的公司上班，兄弟姐妹中数他挨骂最多，两年后他实在忍受不了，偷偷到外面找了份工作。罗康瑞回家先告诉了母亲，母亲的观念是不允许儿子为外人打工。但罗康瑞实在不愿意待在父亲公司，宁愿自己创业开公司，于是母亲与父亲为儿子的前途谈了三天。罗康瑞现在还记得自己当时在楼梯下等待父亲作决定的情景，听见父亲大声对他母亲说："这是家里最没出息的儿子，给他钱也是丢在水里。"这句话深深刺伤了罗康瑞的自尊心。最后父亲终于答应借10万元港币给罗康瑞成立一家建筑承包公司，但言明10万元不但要还本钱，还要还利息。这让罗康瑞想不通，父亲有这么多钱，为何对自己那么小气。几十年后，罗康瑞才明白父亲通过收取利息这个举动，给儿子一个正确的观念：做什么事都要付出代价，不能白拿。

罗康瑞离开了父亲就知道自己是"过河卒子"，再难也不能退回父亲的公司去。为了在父亲面前证明自己，他7年没给自己放一天假，每天工作16小时以上。从最基本的建筑材料鉴别和施工过程学起，一直做到公司团队独立去项目招标市场投标成功。7年的无数次成功与失败让这只"小海鸥"翅膀越练越硬，已能独立翱翔于市场经济的天空。

瑞安创立初期，正是香港股票市场兴旺之时，常有朋友打电话来诱惑他："我们坐在茶餐厅里打一通电话赚的钱，比你辛辛苦苦一年赚得多。"罗康瑞没有为之动心，也没有动摇自己的志向，创业的经历渐渐改变了他的人生观和世界观。他认为，容易赚的钱不会长久，你可以很幸运地赚99次，但输一次可能全部赔光，还是认真赚的钱长久。

1984年12月，中英两国发表联合声明，中国政府决定于1997年7月1日对香港恢复行使主权。"97回归"带给香港不仅是政治冲击波，也带给房地产、建筑业巨大冲击，部分港人选择移民海外，一些企业将资金外移北美和澳洲。罗康瑞决定留在香港，澳洲留学的经历让他尝过二等公民的滋味，其中有件事曾深深刺伤过他。一次他坐公共汽车去上班，中途上来一个白种女人，车上明明有空位，但她就是要罗康瑞站起来给她让座，罗康瑞不解地问她为什么，那个女人傲慢地回答："我想坐你这个位子，你是黄种人，就应该让给我。"一车人对这种傲慢无礼默不作声，在满车压抑的种族歧视气氛中，罗康瑞满怀屈辱地愤然下车了。这次刺激成为他一生钟爱中华文化、奋发自强的不竭动力。现在，既然选择留下做一名中国公民，他渴望尽快了解内地，了解内地改革开放的真实情况。

罗康瑞通过积极参与香港未来前途规划的各项工作，与中央驻港联络办的内地官员接触，一方面是为所有香港人的前途（包括他自己）工作，另一方面可以了解内地的人和做事方式。从1985年到1990年，他担任香港基本法的咨询委员，工商界的召集人。当时罗康瑞用了80%的精力和时间从事社会活动，甚至顾不上打理自己的公司。但他收获巨大，社会活动让他开阔了眼界，站到了更高的层面来观察经济活动。政治是经济的集中体现，政治与经济有着千丝万缕的联系，当经济发展遇到障碍，企业、商人很可能难以解决，需要与政府合作清除障碍才能让经济畅通前行。罗康瑞的这一段生活阅历，为他进入内地投资熟练地与政府打交道做好了经验储备。

当时的香港，市场已相当成熟，土地价格居高不下，罗康瑞决定换一个空间去发展。香港排位前十名的富豪，无不与广东的改革开放有关，他在维多利亚港练就的眼光，看到了更有发展前途的长江三角洲，它比珠江三角洲的地域更为辽阔，发展空间更大，尤其是上海，20世纪上半叶曾是亚洲金融中心、国际大都会，这座城市所处的地理位置没变，优势还在，事业发展的环境和气氛将在改革开放中重塑，前程无限！

1985年，罗康瑞北上内地，试水上海，第一个投资项目"城市酒店"是作为香港青年企业家与共青团上海市委合作的。合作的过程让罗康瑞结识了一批团市委年轻领导干部，这批上海年轻人给他留下了深刻印象。他想，要是未来的上海掌握在这群有能力有理想又有执行力的年轻干部手上，发展肯定无限。投资是要拿出真金白银的，资本来之不易，就是这批共青团干部给罗康瑞信心，不断把香港的资金移到上海来投资。

罗康瑞第二个大项目是瑞安广场。1995年，原团市委书记在原卢湾区担任区长，他正在忙于上海第一条地铁穿行淮海路时的地面改造工程，动迁居民，拆除旧区，建设淮海中路东段中央商务区。香港地产界巨头新鸿基、新世界、九龙仓集团纷纷出手淮海路商务区拿了地,准备建办公楼和商场。1995年正是上海楼市低潮调整期,香港地产巨头们拿地后持观望态度。罗康瑞是后来者,中央商务区的开发地块已瓜分完毕,但来得早不如来得巧,卢湾区的国有企业九海利盟公司拿到的是中央商务区最好的地块——地铁黄陂南路站的上盖地块,但"九海利盟"缺少造楼的资金,罗康瑞需要地皮,双方一拍即合,成立一家合资项目公司建造瑞安广场。区政府只有一个要求,希望瑞安拿地后带头建楼,在经济低潮时形成先发效应,带动整个商务区的启动。

上海当时的楼市前景不明,业界舆论一片"宜静不宜动"。罗康瑞没有人云亦云,他仔细调研市场,发现了一个奇怪的现象:一方面是上海的办公楼市场供过于求,另一方面却有很多跨国公司找不到办公室,租用五星级宾馆的客房办公!显然这不符合跨国公司的形象,再从这个现象追索下去,原来是当时上海缺少高品质的甲级办公楼,现有的办公楼还不如星级宾馆的客房条件好。"现象"蕴藏商机,商机稍纵即逝,罗康瑞决定立即启动瑞安广场项目,按照甲级办公楼的品质设计,3亿资金到位,日夜施工。瑞安广场一节一节拔高,很快封顶,瑞安不做任何广告,只是把办公楼的楼书送到在宾馆办公的跨国公司手里,很快签约率达到70%。普华永道、IBM、杜邦等国际大公司纷纷入驻,一炮打响,惊醒梦中人,这时其他观望中的香港地产开发商也纷纷启动项目。

这件事干得漂亮,让上海的政府真正认识了罗康瑞不是一般的港商,建立起了一种信任感,以至日后敢把市中心钻石地段的太平桥地区改造项目交给他操刀。

1985年至1995年是瑞安在上海服水土的过程,积累了十年经验,令瑞安在日后能够厚积薄发。

太平桥旧区重建项目是罗康瑞职业生涯中的里程碑,新天地令他登上了人生的辉煌顶峰。罗康瑞总结自己时说:"一个人若是要过好生活,努力勤奋就够了,但若要做一番大事业,就必须要靠眼光,还有运气。"运气就是机遇加迎合机遇的本领,此时的罗康瑞已经具备了敏锐的捕捉内地商机的能力。

有些机遇并不在顺境时出现而是在经济危机时出现,每一次经济危机过后,总

瑞安广场是瑞安地产公司总部所在地。1995年，瑞安公司在房地产低潮时逆市启动了瑞安广场项目。

会有某些企业令人惊奇地崛起。经济发展如水流,在带来巨大好处时,也有许多矛盾和弊端,兴利除弊是相当困难的,会触及一些既得利益方,常常让人无奈,只有在经济危机到来之时才有调整和改变它的机会。由此可见,经济危机在某种意义上看并不是什么坏事,只是看谁会善用危机做成一些在顺境难以办到的事。只有目光短浅的经营者,在危机面前怨天怨地埋怨自己运气不好。

新天地项目是在亚洲金融风暴中起航的,是否有运气穿过惊涛骇浪,成功抵达彼岸,关键是人才!仅凭一个优秀的船长是远远不够的,需要一个人才荟萃的团队!需要这个团队的齐心协力!

罗康瑞凭借梦想和诚心求贤的态度,找到了一批志同道合者。

郑秉泽:瑞安公司董事总经理,香港居民,后移民澳大利亚。曾办过报纸,在香港教授过中国文学,熟悉欧洲文化,担任过香港旅游协会宣传部部长,在建筑工程行业有十多年经验,他是整个新天地项目的总管。

黄瀚泓:新天地首任总经理,香港居民,曾任嘉里集团财务总监,擅长市场推广、招商租赁,创新意识强。

王必光:瑞安公司总经济师,香港居民,曾从事金融行业,擅长宏观经济研究、调研。

郑喜明:瑞安公司财务总监,香港居民,曾任渣打银行信贷部襄理,具有丰富的财务工作经验。

陈建邦:瑞安公司规划设计高级经理,美籍华裔,原美国纽约市政府规划局规划师。

许诚新:瑞安公司工程部副总经理,香港居民,大学毕业后第一份工作就是在瑞安公司,在建筑行业有三十多年的工作经验。

吴志强:瑞安公司市场部副总经理,香港居民,后移民加拿大,具有餐饮服务业和市场推广的丰富经验。

张觉慈:新天地营运部副总经理,香港居民,有二十几年从事物业管理行业的经验。

田伟强：瑞安公司人力资源部高级经理，香港居民，有20年从事人力资源行业的经验。

周永平：瑞安公司公关宣传部高级经理，上海居民，2002年任董事长助理，原上海市政府办公厅新闻处副处长。

这个团队由各地人士组成，拥有世界视野，每个人不同的背景代表着不同的文化记忆。团队是跨行业跨领域的组合，而不是清一色的商业背景或建筑背景的人才，这种组合有利于文化撞击而迸发创新的火花。创新之源是文化记忆，美国之所以成为世界头号创新大国，与它包容性很强的移民政策相关，它敢于把本国的就业机会与世界各国人才分享（英国做不到，就业机会留给本国人），但拒绝庸才！观念开放的移民政策为它网罗了世界各国的高端人才，世界各国的人才带着本国的文化记忆到美国去

罗康瑞先生（右三）与瑞安公司项目开发团队，站在新天地后弄堂的施工现场，正在进行一场"头脑风暴"。

工作、生活，提供了丰富的创新资源，美国的创新之源实际上是世界各国的文化记忆。

新天地项目的创作团队还要加上"外援"：来自美国的本杰明·伍德设计事务所的伍德先生，来自新加坡的日建设计事务所，来自同济大学建筑规划学院的罗小未教授，来自香港世联公关咨询公司的林乃仁先生。

"文化记忆"落到具体的人，就是他的阅历和经历，阅历是知识，经历是实践。本杰明·伍德曾是美国飞行员，他人生有过一段从空中俯瞰大地的经历，日后改行建筑设计，经历让他养成了一种思维习惯：从整体俯瞰一件事，而不是局部。他能俯视满是违章建筑的石库门街坊，看到别人看不到的东西，剪裁出今天的新天地的总体布局，这是与他具有的文化背景分不开的。

新天地项目是一个无拘无束无框框的创作过程，游走在东方与西方文化的交会处，在现代生活与传统文化的碰撞处历险，在安全与冒险的边缘处体验创造的快乐。

创新是把"不可能"变为"可能"，管理层和操作层的人员一直处在亢奋状态，既有创新成功的愉悦又有竣工时间表倒逼的压力。

新天地的主创人员每人有一顶钢盔似的安全帽，一双沉重的大皮鞋，每天清晨8点半，来自不同国家的建筑设计师们头戴安全帽脚蹬大皮鞋出现在工地上。工地是居民迁走后留下的石库门旧房，一片废墟，满地碎砖烂瓦，残垣断壁，横七竖八地一根根带钉子的烂木条，一不留神绣铁钉会戳进脚心。建筑师们拿着照相机、录像机四处拍摄，交流讨论种种设想。瑞安公司是第一次做了一个没有施工设计图纸的工程，设计师是在照片上构思设计图，简直不像开发商，也不像建筑承包商，倒像艺术家搞创作。往往一幢石库门房子刚刚改造翻修完毕，建筑师们一觉醒来又有了新的想法，马上推翻重来，建了拆，拆了再建，一遍一遍折腾。创作如同酿酒，葡萄变美酒需要发酵时间。石库门创新的成果哪一天到来，初期谁也看不到，而建筑师的报酬是按小时计算的，罗康瑞有支付薪酬的压力。当然，建筑师和管理团队也有出成果的压力，他们不是媒体经常描写的那种"废寝忘食"的苦行僧，他们崇尚工作与生活融合，午餐、晚餐常常更换餐馆，期待不同的美食不同的场景能调动文化记忆，激发灵感，碰撞出创新的火花。

创作过程是一种不安，是一种解脱苦闷的过程。如果创作者不觉得苦闷，那说明他没有真正进入状态。建筑师们常常走在路上，坐在车上，头脑里一个电光闪过，赶紧找个小纸片记录下来；常常在难以入眠之时或清晨一觉醒来，灵感冒出来，马上跳下床打开台灯写写画画……就这样，兴奋和痛苦并存，处于孕育着新生命的疯狂状态。

人们做事有四种精神状态：

第一层次是被动状态，一切等主管的指令，让你做什么就做什么，主管没说过的不做。

第二层次是主动状态，不但做好主管交办的事，还积极动脑给主管出主意，提建议，把事情做得更好。

第三层次是激情状态，全情投入，享受创新。主管让你做"一"，你会创造"二"，自找"麻烦"，能把事情做出令人喜出望外的结果。

第四层次是"疯"的状态，这是做事的最高境界。其行为常常为普通人难以理解，那是一种超凡脱俗的精神状态，如同中国古代东晋杰出书法家王羲之半醉半醒，又歌又舞写下旷世之作《兰亭序》一样。据说王羲之回家后又重写了数十遍《兰亭序》，皆不如原作，再也找不回当时那种"疯"的境界。

新天地的创作团队整体进入了"疯"的状态，团队的主管和员工们提出了一个口号："以最浪漫的想法，最严谨的工作，跟着一个发疯的老板拼了命干！"

在"疯"的状态里，人才能体会到佛教里"轻轻放下"的境界：你对某件事太在乎的时候，反而得不到；当你能轻轻放下的时候，它会向你聚过来。建筑师们说，他们是用"玩"的心态搞设计，这种"玩"的心态是高空走钢丝的状态，在别人眼里是玩，自己知道是在玩命，若没有一环扣一环的细节严谨，梦想不可能成为现实，还会从高空坠落。

新天地设计单位之一的新加坡日建设计事务所是相当优秀的，他们经常有创新的想法，还能把想法变成一个一个细节做到位。一间房子的改造，平庸的设计事务所可能仅仅拿出十几张概念设计图，他们缺少人才资源，缺乏资料储备，又不愿花成本去做好细节，他们把难题推给施工单位，让施工的工程师去自由发挥。日建设计事务所对待同样一个空间设计，他们往往会提供几百张图纸，把所有的细节和节点全部画出来，连标准都定好。能够在同样的时间内拿出几百张图纸，而不是十几张图纸，全凭公司平时资料积累丰富，智库储备充足，公司人才济济，做事有激情。

做事好比长跑，跑到 70%，人人都气喘吁吁，体力和心理难以支撑下去，一般人皆不愿再跑了，人们口中常有一句话叫"差不多了"，是说外表已经像了，但其实事情的细节都没有做到位。"拼了命干"就是把一个个细节做到位，不怕辛苦，不怕麻烦，尽善尽美继续跑下去，做到 99%的好，而终点是追求 100%的出人意料的好！把每个细节做到位是要付出代价的——绞尽脑汁，超时工作，甚至是付出健康的代价。从新天地的总管郑秉泽到每一个员工，在 1999 年到 2001 年的两年半时间，几乎每个晚上都在加班加点做好每个细节，当时有些女员工才二十来岁，年轻漂亮，每天半夜 12 点才下班回家，令她们的父母不放心了，不相信上海还会有一家公司持续几个月天天加班到半夜的，专程来公司察看女儿是否真的加班，与她的主管核实情况，当了解到女儿加班真是为了一个很有创意的开发项目，能学到许多本领，立即高兴地支持女儿加班，父母每天做夜宵，等女儿回家。

最辛苦操劳的还是各部门的主管，不仅自己工作要做到位，还要以自己的榜样影响部门员工一齐奔 99%的细节做到位。当时一位部门主管因过度劳累突发胆囊炎、胰腺炎，他去医院挂了号，看到排队人多又回办公室工作，等他再回医院已是中午时间，幸亏急诊室的医生相当负责，为他做了 B 超和验血，立即开出了"病危通知单"，这令他和他的全家吓了一大跳。他的太太急得哭了："你别为了工作命都不要了！值吗？"在治疗胰腺炎、胆囊炎的一个月里，病人不能喝一口水吃一粒饭，每天的水分、营养全部靠吊针输入血管，但他没有停止工作，左手吊针就用右手打手机遥控指挥，有时甚至把他的病床当会议桌召开协调会议，常常因为开会的时间过长，公司同事们被医生护士"轰"出病房。

一家公司的主管和员工以这样疯狂的态度对待工作，什么人间奇迹做不出来！

这种"疯"的态度带来了施工质量的品位。新天地是一个体现"历史与现代"时空距离美的老房子改造，既有旧砖旧瓦再利用，也有新材料运用，大家创新地把新材料做"旧"，旧材料做"新"，新旧嫁接，新旧过渡，新旧衔接。一项工程有成千上万个细节，有无数的新、旧接合部，接合部的质量反映的是人与人的配合，反映的是一家公司的企业文化。质量仅靠领导、监工的眼睛是看不过来的，也管不过来，活儿掌握在员工的手上，质量最终在大家的心上。新天地建成 10 个年头了，那些新旧对比的建筑完好无缺地站在那儿，没有发生墙体开裂、老房子倒塌、水管漏水、污水冒溢的事，没有发生过屋瓦、砖块、浮雕坠落的事。当年铺设的排烟系统一直工作良好，让这片餐馆集中之地没有四处弥漫的油烟味，看不到墙上地上有油腻，弄堂里依旧飘着咖啡、面包、牛奶的香味。新天地工程是成千上万个优秀细节叠加在一起铸就的品质，是新天地全体人员用心血和生命凝集起来的结晶。新天地总管、主管和员工为了一个梦想，心甘情愿地奉献智慧、奉献精力、奉献健康，形成了一种特别感人的精神，被称之为"瑞安精神"。

一个创新团队的精神状态，对于最终的创新成果具有决定成败的意义。新天地处在发展的初期，还不具备很强的经济实力，无法靠高额的奖金和诱人的待遇去激励员工。怎么办？其实，尊重和信任是一种最简单最有效的激励方式，公司把新天地项目作为一个创新创业的平台，每个人在这个平台上都感觉到了平等。当工作中发现问题，人人可以讲，随时指出，很快得到纠正，而不是人人认为与己无关，互相推诿；当工作中遇到难题，人人都有参与的机会，都可以有想法，谁有新的想法，大家分享，大家来做，而不是谁出点子谁去做，其他人站在一边看。当时公司不到百人，一切以工作需要为中心，各部门之间的衔接不是"你等我，我等你"，而是跨界去衔接，保证工程的运转顺畅不中断。每个人都不把自己当局外人，公司就像我的家，与公司有关的事就是与我有关。例如市场推广部有人想出举办一场"东方式的化装舞会"的主意，各部门一起"头脑风暴"细化具体方案，然后市场部安排活动布置，公关部去联络目标客户群，租赁部在现场负责接待，认识客户，洽谈合作，营运部保证活动后勤供应。舞会的女伴不够，各部门的员工主动请自己的女朋友或者太太来公司帮忙。新天地团队甚至鼓励新天地的租户、合作伙伴、供应商参与创新。

大家干得很辛苦，但很享受工作，付出辛劳，收获快乐。

就在新天地干得热火朝天的时候，传来香港百富勤公司在金融危机中因银行贷款逾期无法偿还而轰然倒塌的事件，对瑞安公司上下无疑是一场心理"地震"，百富勤公司比瑞安大得多！但瑞安公司镇定自若，继续从香港向上海调集项目资金，项目要用的钱照用不误。瑞安公司香港总部为了应对金融危机，采取了管理人员自动减薪不减人，大家都有饭吃的策略；瑞安上海公司管理人员、员工不减薪不减人，不影响奖金和升职，这样公司很快稳定下来。员工们很领情，知道压力让罗康瑞担了过去，大家工作更加努力更加珍惜，工作时走路像小跑。

成功常常在坚持最后一下子的努力之中。当罗康瑞和他的团队在坚持的时候，运气开始悄悄地接近他们了，最大的运气是上海的环境发生了重大变化。2000年是城市发展的转折点，上世纪90年代，上海人面对满世界的石库门旧房，人人皆言拆，大拆大建，老弄堂拆得越多，新楼房盖得越多，石库门就越成为稀缺资源。文化的价值在于稀缺性、唯一性，石库门成为上海城市的一种残缺美。进入21世纪，上海人面对满目的现代建筑，开始意识到延续历史记忆的重要性，人人皆言保护，石库门的身价每天看涨，竟然与时尚联系在一起。

有些成功仅靠人的努力是不够的，还要"天"帮忙。天意就是各种因素的机缘巧合，撞在一起，成就辉煌，新天地脱颖而出成为整个城市的新亮点。

罗康瑞面对一位政府高官赞誉时回应道："去年还有不少人说我是疯子呢。"这位高官接过话头说："疯子和天才就差一步，你罗康瑞是天才，不是疯子。"坐在一旁的新天地项目大总管郑秉泽总经理无限感慨道："罗康瑞是自己疯的，我们是被他逼疯的，我们是一群疯子在做新天地！"罗康瑞曾说2001年6月底新天地不能按时竣工，瑞安人全体去跳黄浦江。

2001年初，新天地在港台地区有了名气，香港的银行纷纷主动上门送贷款。银行贷款的一般规律是雨天收伞，晴天送伞。

香港、台湾地区的政要、企业家、银行家、文化人到了上海就指名要参观新天地，包括香港地产界巨头级的人物。一位香港的自由撰稿人参观新天地后，回到香港就写了一篇文章很生气地批评香港说，新天地这么好的东西，为何没出现在香港，

2001 年，罗康瑞获得"上海市荣誉市民"称号。时任上海市市长徐匡迪为他颁发荣誉证书。

而在上海还是由我们香港人做出来的，说明香港经济出问题了，没留住罗康瑞这样的企业家。这篇文章引起了香港特区政府的反思，当时的特首董建华在一次聚餐会上对罗康瑞说："康瑞啊，在香港做个新天地吧。"罗康瑞回答："何尝不想？但香港已经没有这个条件了。"香港在上世纪 70 年代城市化过程中，没有成片保留一些历史建筑群，没有为未来的发展"留白"，失去了城市开发的资源和条件，"过了这个村，就没那个店了"。上海处在城市更新的初期，还有条件，还有机会，上海反应快，市政府发现新天地保护石库门的案例后，马上做了一个保存 2000 万平方米石库门街坊的计划。

1997 年亚洲金融危机中投资新天地的风险相当大，危机之中有"危"也有"机"，"危"是大家看见的，但"机"是需要发现的！

"发现"要具备一些条件，其中一条是鼓励团队的每个成员都有想法，还要鼓励他把想法说出来，允许有对立面，思想的平等较量，敏感和智慧都会自觉冒出来，对立面能把一个人激发得高明些,少一些自以为是。新天地能够有那么多的创造,那么多的第一,得益于新天地的建设过程中四面临"敌"。当时它的对立面很多,有市文管会专家、不同见解的建筑师、传统的旧观念等等,逼着新天地团队一直处在高度敏感状态。瑞安把不同文化背景的建筑设计师放在同一个楼面天天见面斗嘴,可以理解为有意识地创造对立面。这一条无论在外商企业还是国有企业、民营企业都是有难度的。一般公司高层、技术权威们平时很难听到反对声音,因为反对意见刺耳不中听,听了令人心烦不愉快,导致下属只说领导爱听的意见。但经济危机在客观上造就了允许不同意见并存,让人们充分发表个人看法的环境。新天地的创意就是在各种意见、想法的交锋中,"发现"的火花迸溅而出了!

金融危机中投资新天地在今天看来还是有点疯狂,问题在于:一个公司老板可以自己"疯",但无法让他的整个团队跟他一起"疯",这种"疯"的状态是老板付再多的薪酬也买不来的!但金融危机的环境可以得到金钱买不来的东西——把这个团队送上了"不成功便成仁"的"疯狂"状态。从这层意义上说,1997 年亚洲金融风暴反倒成就了罗康瑞。

参加过新天地建设的团队成员谈起这段经历都难以忘怀,他们共同的感受是:人生第一次尝到了什么叫创造,以及创造的快乐。成功与否已经不重要了,这种境界值得回味一辈子,人生难得几回搏,这种机遇不是人人都能得到的,可遇不可求!

新天地成功后,令全国许多房地产开发商、投资者羡慕,跃跃欲试做第二个新天地、第三个新天地,新天地一直在被模仿,但至今未被超越。除了许多客观原因外,还缺少一个非常重要的条件:投资者无法让他自己和他的团队处在创新的"疯狂"状态,再具体一点表述,即投资者无法让一个团队的主管和全体员工全都兴奋起来,像对待自己的生命,对待自己的爱人,对待自己的孩子那样去对待工作,对待每一个细节。这是世上最难最难的事!

曾经创造过新天地的瑞安公司,在它以后的发展路上也无法例外。就像古代书法家王羲之重写自己创作的《兰亭序》那样,重写数十遍,皆不如原作,再也找不回那种半醉半醒、又歌又舞的"疯"境界。

七

只要你有创意

新闻媒体常说新天地的成功来得太快,几乎是一夜之间成名的,社会上不少人就误解新天地的兴旺是与生俱来的,把新天地的成功归结为运气好。

运气是什么? 运气是合适的时间、合适的地点出现了你。

运气并不靠守株待兔。

新天地在创业初期,市场调查公司的调研结论是,让"上海人重回石库门吃饭"的创意不符合市场实际状况。也有咨询公司给瑞安出主意:石库门老房子改造后,每幢房子安排一家欧洲奢侈品牌商店:路易·威登、爱马仕、古驰、杰尼亚等等,把这些世界名牌店集中于这片石库门老房子中,引领消费时尚。事实证明,那是十年后上海才流行的时尚,过于超前没有市场,投资者也等不起。

人们往往是用过去成功的经验、成功的案例来判断未来,而未来是不确定的。

新天地能否在不确定的市场中脱颖而出,需要瑞安有超级的创造力和超级的想象力。

在各方不同观点的交锋中,郑秉泽先生说出他久经思考的全新看法:新天地是在淮海路商业街背后做生意,消费者没有理由离开繁华的淮海路到石库门老弄堂来购物,只有一种可能,他们是专程来玩的,淮海路商业街太老了,太传统了,而新天地很新潮,很时尚,很好玩,很快乐,这样才有可能吸引消费者。在新天地吃什么、喝什么都不重要,人们更在意消费的过程,怎么吃、怎么喝应该都是好玩的一部分。新天地靠好玩来激发消费,拉动消费。

当年还没有"休闲"这个名词。

以快乐为主题的消费场所是休闲商业的雏形,是在颠覆传统的消费方式。休闲商业强调过程,传统商业看重结果。

休闲商业的出现与上海城市化的大背景有着直接关系。

上海城市化初期采用了"工作、居住、购物"三分离的城市模式,一片片新的现代住宅小区出现在城郊接合部,有经济实力的市民纷纷买房搬离了破旧的石库门弄堂,没有能力买房的坐等政府、开发商来拆迁,南京路、淮海路的后街上最有消费力的群体渐渐流失,购买力不断滑坡。现代住宅小区的市民来南京路、淮海路商业街消费，主要依赖自驾车或坐公交，而大马路上的百货公司、特色商铺、高级餐馆先天不足，缺乏停车条件，无法吸引"有车一族"来消费，大马路上的一批"老字号"品牌特色店，由于中、高端消费群的流失而出现衰退、萎缩，上海百年形成的大马路、小马路传统商业的结构，在旧城区重建中逐步解体。

21世纪，上海人去哪里消费？

西方有句谚语：当上帝关上一扇门，就会打开另一扇门。

商业永远追随着有消费实力的群体。现代住宅小区的周围很快冒出了大卖场、超市、餐饮连锁店，成就了一种新的商业业态：社区商业。但社区商业只能满足人们日常生活的需求，无法满足人们带有情感色彩的购物消费需求，一种新的商业业态正在被市场呼之欲出。

世纪之交的上海，整个城市的商业形态还处在百货商店、超市、专卖店、沿街商铺和农贸市场等传统模式，各自分散经营的阶段。衡山路酒吧餐饮街虽然凭借洋房别墅的独特优势，营造出休闲消费的氛围，但公共空间缺乏整体规划布局，各方面仍旧不尽人意。环境更完整、功能更齐全、业态更完备、服务个性化的商业业态，成为当时上海消费市场的向往。

新天地开发商以它敏锐的市场嗅觉，看到这个曙光初露的市场需求，由于新天地是一个新建的商业场所，其转型比庞大的传统商业街来得快，有可能抢占先机，创立一个集餐饮、零售、娱乐和文化为一体的组合型商业业态。还有重要的一点，新建商场有条件规划建设一个大型地下停车库，吸引远距离来消费的有车一族。

在空间上把餐饮、零售、娱乐和文化组合在一起，不是商业大杂烩，而是一种全新的商业综合体。这一新的商业零售空间强调消费者的体验性，强调购买过程的娱乐性，强调零售空间能与消费者互动对话。一句话，强化了过程，淡化了结果，买不买没关系，只要你开心就行！许多消费者走进店铺，原先并无消费目的，只是逛逛看看，是被娱乐激发出消费欲望的。因此，综合体商业是有规划的、合理配置的商业，是按照"购买快乐"的理念来搭配商业的，它提供各种消费的选择：吃有多种选择，购物有多种选择，文化如电影、画廊、书店有多种选择，找个地方喝茶、喝咖啡也有选择。世界上最好的消费场所几乎总是提供最多的选择，"选择多"是组合型商业的特点，可以迎合人们在口味、品位上的差异性，尽量满足人在味觉、视觉、听觉、情感等生理的、心理的多方面需求，这是含有精神层面的商业文化消费，让人很舒适，很放松。

综合体商业是在出售生活，出售体验，出售好玩，出售快乐。

综合体商业从根本上说是"以人为本"的商业，是餐饮、购物、娱乐和文化在空间上的融合，对于当时的上海，它是一个具有开拓意义的新兴商业。

同一时期出现的大型购物中心皆是综合性商业，例如南京西路的恒隆广场、中信泰富广场、梅龙镇广场等，与新天地相比，有体量大小之差，没有本质区别。

问题是新天地的商业体量还不够大，在大型购物中心面前，它是小弟弟，没有竞争优势。新天地的优势在哪里呢？

新天地第一任总经理黄瀚泓先生在很多年后道出了其中的奥秘：人们往往从

法国沙宣美容美发在 2001 年把亚洲第一家门店开在新天地，图为开业仪式现场。

表面现象看事物，以为新天地是酒吧、餐厅一条街，错了。餐饮仅仅是配套，为产业配套。一个城区的兴衰跟产业有着直接关系，包括当下时髦的文化创意产业园区，甚至可以说，创意也不重要，关键是产业，市场需要什么就生产什么。我们去看看美国荒凉的西部是怎么开发出来的，先有淘金梦吸引了东部的人，小镇围绕金矿诞生了，之后有了商业配套，有了生活。最终金矿能否开采出来已不重要了，不断有新的市场需求和产业补充进来，美国西部一些城镇就这样形成了。新天地的兴旺是放进了一个文化创意产业，来新天地的人不是冲着吃喝来的，是文化创意的新鲜感聚来的人气。新天地创建之初，本杰明·伍德对罗康瑞说："旧的石库门要放进新的生命力。"新的生命力是什么？就是租户，每家租户是消费者的最终目的地。新天地的活力是那些店主、厨师、酒吧招待、糕点师、发型师、服装设计师、艺术家、表演者们共同创造的，是他们营造出一个最有活力、最具娱乐性、最善于应变的环境气氛，他们决定新天地的成败。

工业设计、文化设计是处于全球化产业链的上游，价值相当高，一般都控制在发达国家手里。中国当时在产业链全球分工中，处在低端的加工制造业环节上。1999年的上海，文化创意产业还在萌芽状态，新天地到哪里去找那些文化创意的租户呢？

黄瀚泓总经理的招商团队只好把视线转向香港、台湾地区，还有日本、新加坡，这些地区和国家的文化创意设计产业已经崛起，发展势头很快。

新天地当年做了一本市场推广宣传册，结束语是这样的：新天地已设想的，等待你来参与；新天地没想到的，等待你来创造。这是新天地独特的招商方式，搭一个平台，只要你有创意，都可以来一试身手，很像现在的"达人秀"挑选达人。发展商是导演，每个租户是演员，演员需要按照导演的剧本去做，不论你过去擅长演悲剧还是演喜剧，来到这个平台上，要放下身段，放下你的过去，跟着剧情安排走。

这个平台是有门槛的，有自己的标准：

1.选择从来没在上海开过店的商家来新天地，用新鲜感吸引消费者。

2.选择有品牌的企业。品牌企业的创新能力强，市场占有率高。

3.选择有实力有理念的企业。开发新市场需要培育期，新天地起步阶段可能一年半载生意不旺，租户要有实力与开发商共同承受培育期。

4.企业要在该行业有三至五年的从业经验，不要行业新手，更不要那些付得起高租金，但刚刚入行的"暴发户"。

5.企业要有自己的消费群。它的店开到哪，一批消费客就会跟到哪，而不是靠在新天地身上揽顾客。

6.企业具备"契约文明"的观念。遵守规则，懂得自律，懂得共存、共赢，坚决不要那些付了租金就认为可以"想怎么样就怎么样，爱怎么干就怎么干"的暴发户。

除了最后一条标准雷打不动，前五条标准都好商量，关键是看商家的创造力。

新天地的总经理黄瀚泓面试租户的方式很特别，先不谈租赁条件而是谈文化，聊石库门的历史人文，聊石库门改变为商场的创意，聊未来商业发展的趋势。他说，过去的城市商业就像科学技术，分工越来越细，有利专业发展，但今后的商业发展趋势是从"分"走向"合"，音乐、舞蹈、体育、书店、画廊，都可以与餐饮跨界融合。上海市民在吃饱穿暖之后，下一个时尚一定是追求精神层面的享受。吃的方面，不再满足本地口味，会喜欢全球的美食，尝尝异国风味；穿的方面，不再满足穿暖穿好穿新，会讲究色彩搭配，个性化发展；行的方面，不再满足从甲地到乙地的便捷，会强调一路上可以看到什么风光，文化景观的识别性变得重要起来。总之，文化体验式的商业消费将成为时尚。

新天地的招商人员与海选出来的商家代表，坐在新天地样板房的阳光棚里，喝着刚上市的新茶，品着自磨咖啡，聊着文化创意。新天地不只是判断对方的开店方案有无创意，而是发掘商家创新潜能。

黄瀚泓对商家代表说："创意是什么？是做一些前所未有的东西，做一些独一无二的东西。你要把过去的一切轻轻放下，你过去搞过艺术，开过酒吧，那些都不重要，你要去想你还可以做点什么新的事，创意就来了。"

那些有创新潜质的商家仿佛心门被打开，眼睛越聊越亮，激情被点燃。

1999年，台湾琉璃工房的企业正处在艺术品向生活用品延伸的转型之中，琉璃工房创始人张毅、杨慧姗的创意激情，就是被黄瀚泓点燃的，决定到上海来发展事业。他们大胆地把琉璃设计跨界到餐饮业，在新天地开设首家琉璃文化餐厅，夫妇俩想把餐厅设计得像个水晶宫，移步皆景，让人感到震撼：桌椅、茶具、杯碟、筷子、刀叉，无一不与琉璃有关。

台湾广告界知名创意人郭永丰、王小虎夫妇的商业创意方案是"上海本色"零售店和"百草传奇"药膳养生餐馆。郭、王夫妇玩广告创意28年，首度跨行业进入零售、餐饮业，他们前半生都是帮别人打品牌，后半生想自己创业，借新天地平台打造两个全新品牌，谱写新的人生。"上海本色"零售店的创意是挖掘上海历史文化的内涵，通过非常现代的缤纷色彩来演绎海派文化的性格，在"昨天"与"明天"之间穿越。"百草传奇"药膳养生餐馆是饮食文化对中医领域的跨界。一些中草药药材本身就是食品，"药膳"倡导治未病（还没生病）、"吃得健康"的新概念，首乌番茄、黄金山药、枸杞炒肉丝、虫草王炖老鸭……成为"百草传奇"餐馆的当家菜谱。

法国 LA MAISON（中文：乐美颂）歌舞餐馆投资方的跨界更大，居然来自毫

"百草传奇"药膳餐厅位于新天地南里，图为餐厅内景。

不相干的汽车行业——法国"标致"汽车公司。LA MAISON 餐厅总经理雷蒙先生是个艺术家，也没从事过餐饮行业，但他喜欢中国的美食，应邀来上海开这家法兰西文化餐厅。他把巴黎"红磨坊"一套欣赏艳舞与餐饮结合的营商模式搬到了新天地，"红磨坊"是中国大陆游客到了巴黎必看的旅游项目，经久不衰。

著名画家陈逸飞虽说是上海人，但他是在美国的文化中浸泡过的"海归"。他的文化跨界"海"了去了，从油画跨界到服装设计、工业设计、艺术设计、广告设计、城市雕塑设计，他把自己所有的跨界用"大视觉"设计一言概之。他有眼光又有财力，租下新天地北里整整一幢楼，开设了"逸飞之家"。

瑞安凭借自己的香港人脉关系，引进了一个香港设计师文化人施养德。施先生在香港、台湾时尚界的名气很大，他站在潮流前沿，出手又快，做时尚类刊物时曾经一个月主编 32 种时尚杂志，一天出版一本刊物，被称为"杂志旋风"。施先生后来改行做创意设计，同样天赋极高，出品很多。这位"时尚旋风"第一次来新天地，被两位站岗看门的保安拦住了。施先生说："我找好朋友黄瀚泓总经理。"保安回答："黄总不在。"施先生说："那么我找另一个好朋友吴志强副总经理。"保安回答："没有吴志强这个人。"硬是拦住了施先生不让进。施先生只好打手机联系，拨通了吴志强先生的电话。当时，新天地还是一片工地，只有样板房刚刚建成。吴志强从样板房一路小跑到新天地入口处，迎接盼望已久的"时尚旋风"。吴总一看施养德的行头打扮，就知道保安误解了。施养德蓄长发，后脑勺扎着一束马尾辫，一身香港流行的"垃圾装"，裤子四处有洞漏风，保安误以为来了一个捡破烂的"疯子"。

引进施养德一个文化人，就是引进一个产业。他当时正运作亚洲开发银行投资的一个文化创意产业项目"生活经艳"专卖店。那是创意设计向生活用品延伸的概念，虽说设计的是家具、摆设、生活用品，但每一个物件都是艺术品，展示着时代的前卫妖娆与适度的古典含蓄，传递着"艺术生活化，生活艺术化"的创新文化。施养德有了新天地的平台，才情大发，在上海刮起一股时尚旋风，他不仅担任新天地"生活经艳"专卖店的艺术总监，还创意设计了"福林堂"云南药品店，并参与了"上海本色"服饰店、"百草传奇"药膳餐厅的艺术设计。

来自澳洲的服装设计师安东尼，在新天地创立了"X"服装设计品牌店，那是一家很潮的小店。安东尼设计的服装特有个性，每种就一件，让时髦人士穿了绝对不会与别人撞衫。当中国的服装设计师还在模仿欧洲设计时，安东尼已在大胆地运用中国文化元素设计服装，站在了潮流尖端。

今天，当创意设计产业成为主流的时候，人们不由追溯它的身世，它是什么时候开始的？是怎么开始的？文化创意产业的源头在石库门老房子。

新天地最早云集了一批来自香港、台湾地区以及日本、欧美文化创意产业界的高手，把一个新兴的设计产业带进了没落的石库门老房子，点石成金，让历史的空间承载起当代最潮的产业，新天地就此站到了中国，乃至亚洲的潮流前沿，才有了上海创意设计产业后来的波涛汹涌，一发而不可收。当然，创意设计产业也成就了新天地的名气：不到新天地，等于没到过上海。

新天地掀起的文化跨界的旋风在上海延续了十多年，饮食与音乐、舞蹈跨界，饮食与艺术品跨界，饮食与健身运动跨界，饮食与治未病跨界，饮食与阅读跨界……

创意设计是魂，商业是灵魂的呈现。

因为有了创意设计，新天地的店铺没有出现同质化问题，每个咖啡馆、酒吧、餐厅各自彰显个性，叫好又叫座。顾客到了新天地就不能不喝茶，你会感觉你喝的就不仅是茶，一切与创意有关；到了那里就不能不喝酒，你感觉你在那里把盏就一定超越了平庸，心情特别地愉悦。

新天地创造了新的消费大趋势，后面跟着许多商业地产的追随者。

一些刚入行的商业地产开发商以为会盖"石库门"就会建新天地，但没弄明白自己的商业"容器"该装载社区商业还是体验型商业。他们的目光比较关注建筑的外观造型，盖完商场还没想清楚怎么招商，只好去别人的商场"挖"品牌，结果你挖我的，我挖你的，相互挖来挖去，造成了市场上品牌恶性竞争，抹杀了商圈商业的文化差异性，形成同质化。有人讽刺这种现象说："一头猪到了牛吃草的草地上，猪仍旧用嘴拱的办法吃草，结果草没吃上，把草地也拱坏了。"

有了好的创意设计，未必真能做得出来，许多金点子往往因为缺乏操作性、缺乏执行力而半路夭折。新天地的创意设计是怎么落地的呢？去查阅一下新天地的建设工程史，发现有个现象挺有趣：工程项目施工与市场招商几乎同步进行。现象是内涵的外在表现，这一重要的思想理念被称为"以市场主导"开发项目。

在商业地产市场上，"以工程主导"项目的公司不在少数。

这是一个"先有校长还是先有学校"的理念差异。一个好的校长会有自己完整的一套教学理念，若先有学校，可能这些教室、图书室、实验室等等的空间布局，与校长的教学理念不合拍，而学校投资方又不愿拆掉改建，校长只好凑合将就，大大削弱了他的教学理念的实施；先找来校长，按照他的教学理念来设计布局学校空间，其结果完全不一样了。

最初，建筑设计师在决定石库门内部空间布局时常常犯难，不知道应该在哪里安排楼梯、主入口、厨房、设备房，他们不知道未来的经营者是谁，那些店主将如何使用这些空间。建筑设计师对此一无所知，能够做到的是对未来的用途进行种种猜测，最大限度地保留空间尺度的灵活性。

新天地团队想出一个点子，让未来租赁商铺的经营者提前介入建筑内部空间设计，即把"校长"提前请来，按照他的"教学理念"设计空间布局。

（左图）"生活经艳"时尚生活专卖店位于新天地南里大楼顶层。专卖店在一条长长的走廊尽头。设计师在长廊上架起三道彩门，安排休闲座椅，巧妙地把顾客吸引到商店来。
（右图）"福林堂"云南药店位于新天地南里，图为药店的内景设计，大胆运用了艳丽炫目的颜色，跳出了药店千篇一律的单调色彩，表达了文化跨界的新思想。

新天地设计师、市场部、工程部与商铺租户共同研究经营场所的装修方案。照片中站立者是新天地第一任总经理黄瀚泓先生，坐者中左侧第二人是负责新天地规划设计的陈建邦先生。

新天地在每幢老房子的改造时已经找好租户，餐厅、商铺的空间如何分隔，楼梯放在哪里，店门怎么开设，厨房的管道如何安排，都是与租户共同协商的。因为每家租户比开发商更了解他的目标消费群，例如高级餐馆不同于一般的餐厅，楼梯装饰、布置比较讲究，甚至铺设昂贵的地毯，墙上有雕花护墙板、穿衣镜等，送菜的服务生必须走专门的楼梯通道，才能保持地毯整洁。因此，高级餐馆需设计两个楼梯通道，而咖啡馆、酒吧和快餐厅就没有这样的必要。让租户成为石库门餐厅改造的参与者，使消费场所更贴近顾客的消费习惯，更加人性化，让消费者更加舒适、开心。

第一批入驻新天地的租户中有一家日本东京音乐餐厅"Ark"，它出售的是最现代的摇滚乐以及与摇滚乐有关的餐饮服务，吸引的是最年轻最疯狂的歌星粉丝。这家餐厅开设在石库门老房子的二楼，歌星带领下的粉丝集体摇滚简直可以声震屋瓦，跺穿地板，而楼下的租户是"上海本色"服饰店、"Xavier"专卖店，需要宁静、优雅，疯狂的摇滚乐将严重影响楼下专卖店的营业。建筑工程部门积极配合市场招商的需要，在Ark餐厅入驻前特别铺了三层地板，加装双层玻璃窗，让疯狂与高雅可以同处一幢楼内而相安无事。

这一做法，让不少商业地产开发商望而却步，学不了！

新天地开发商敢于这么做，与人有关，与人才有关。

一个商业地产开发项目是以市场为导向还是以工程为导向，取决于项目总经理的擅长和才气，看他是否真懂商业市场，会不会从市场的视角来审视建筑的空间规划，这是高手与工匠的差别。新天地的成功，很大程度上是罗康瑞启用了既懂市场又懂工程的郑秉泽担任董事总经理。

做对事，首先找对人。

郑秉泽先生在商业地产方面有自己一套独特的思想，他有一句很精彩的名言，前半句是：引领商业时尚就要比市场快半步，快一步可能过于超前，人气不够，培育市场需要时间成本；他的下半句更精辟：要永远比市场快半步。

难就难在"永远"上，在瞬息万变的市场上，能一次快半步就实属不易，谁有这么大本事能做到总是快半步？！

新天地开了个好头,也给自己出了道难题,更是给这个团队的后来者出了难题:怎样才能永远快半步,给新天地一个持久的生命力?

这是成功者的难题,上得了山,下不了山,逼你不停地往上走。

没有一个老板不想做大,没有一家企业不想做强。

新天地成功后,罗康瑞想的是瑞安如何做大做强。企业做大需要资金大投入,有不同的道路选择:一些创新型企业选择把自己的创新作品卖给大企业,获得企业下一步发展的资金,也有一些创新型企业选择与风险投资基金合作,在风投资金的支持下上市,从证券市场上获得资金。

新天地在国际上出名后,欧洲一个基金公司想买下新天地。基金公司最大的本事是资本运作,买下新天地的目的是倒腾个好价钱卖出去。罗康瑞对基金公司老板笑侃道:"你买不起。"对方认真了:"只要你开得出价,我一定买下它。"罗康瑞说:"你给再多的钱,我也不能卖。"

2001年时的瑞安公司不是后来财大气粗的瑞安,它当时正缺钱,接下去要挖人工湖,要建办公楼和高档住宅公寓,动辄几十个亿。新天地拿在手里,其定力来自对城市发展趋势的判断和自信。

2001年的上海,房地产正处在低谷的谷底,是黎明前的黑暗,是最艰难的时候,两年后上海才走出低谷,一路高歌猛进,走出一波10年只升不降的行情。

瑞安心里明镜似的清楚,只租不卖,发展商方能统一市场推广,统一招商营销,统一营运管理,可以随着市场的变化和消费者需求的变化,不断调整商业业态。新天地是个时尚生活的商圈商业之地,时尚的魅力在于不断创新和变化,时尚是风,今天的时尚到了明天就可能过时了。新天地的产权、调控权不掌握在自己手里,拿什么去迎合市场的变化,去引领潮流?

新天地只租不卖还有政治原因。新天地在中共一大会址的周边,它对门那排商铺只能做文化行业:"大一"画廊、邮政博物馆、外国访问者咨询中心等,不能搞餐饮业和娱乐业,这是新天地对中共一大会址纪念地的尊重。商铺若卖给小业主,局面就难以控制,中共一大会址对门的商铺如开餐馆或搞娱乐业,门外站几个小姐拉客,马上

与中共一大会址对门的上海邮政博物馆。

会成为国际头条新闻。

　　只租不卖，说起来容易做起来难，不是所有的企业都能扛得住，这既有经营理念的问题、经验和信心的问题，也有资金压力的问题。上海的商业地产界有过不少的教训：

淮海路上有一幢办公楼，建成后为了尽快回笼资金，采用了又卖又租的经营策略，只要你付钱，可以买，也可以租。结果，大厦里既有拎菜篮子的居民，也有拎皮包的公司职员，还有上班的政府机关干部。大家在同一电梯上上下下，居民、职员、官员都感觉不舒服、不对劲。居民说楼里有那么多"外人"进进出出，家里不安全；职员说楼里上上下下有那么多婆婆妈妈，太没档次了。后来，有实力的公司和高收入居民渐渐搬离了这座大厦，大厦的租金每况愈下，接着更多更杂的小公司入驻办公，发展商几次想调整，想提升品质，终因一部分产权房卖给了小业主，再好的想法也有力使不上。

　　上海有条历史悠久的商业街，原先人气鼎盛，熙熙攘攘，路上车水马龙，热热闹闹，深得市民喜欢。在21世纪初的商业街更新改造后，马路拓宽了，楼房升高了，商店营业面积增加了，但就是消费者少了，商业街冷冷清清了！究其原因是开发商把商场零打碎敲地卖掉了，破坏了商场的整体规划。现在是几百个小业主说了算，他们各行其是，商业业态五花八门，竞相打折抢顾客，难以根据消费者的需求变化进行调整。开发商赚到钱走了，但这条商业街毁了。

　　瑞安是在它最需要资金的时候，坚定地持有新天地，扛过来了。

　　2006年，新天地又面临一场新的考试，瑞安房地产公司在香港成功上市了。

　　"上市"是一面双刃剑，从融资市场上获得大量资金的同时又受制于这些资金。当年创意新天地时，瑞安公司是罗康瑞一个老板说了算，瑞安地产在证券市场上市后，是股东大会说了算。

　　创新是有风险的，风险就是成本，创新常常血本无归。上海新天地是商业项目，也可以视为艺术作品，艺术创作是需要时间的。时间也是成本，不许用铲刀只准用砂皮去打磨老房子拆下的14万块旧砖，再砌回墙上去恢复历史原貌，这样的艺术创作场景在公司上市后还会再现吗？

　　上市公司的投资者们是最害怕风险也是最没有耐心的，他们只看财务报表，看投资回报，是鸡就要它下蛋，不下蛋的鸡赶紧宰了卖钱，没有工夫陪你耗时间搞创新，没有好的回报立马抽了资金去投更好的上市公司。

若说上海新天地是绝版，不可复制的奥秘正在于此！

瑞安公司当年有耐心、有坚持地做文化，致力于把商圈做"圆"，在一个经济高速发展、人们急于挣钱、追求短期效益的商业气氛中是十分难能可贵的。

瑞安地产在香港上市后，来自股东的压力很大，经营者身不由己地开始重视商业利润，期望在短时间内把企业做大。

企业贵在做"久"而不只是做"大"，做久乃大——这句话是全国人大原副委员长许嘉璐先生特别说给那些企图在最短时间里把企业做大的公司听的。他的意思是说，急功近利的企业能走多远？50年后，你的公司还在吗？

今天，新天地能否坚守一条底线：新天地是在经营上海的城市记忆，而不是简单的餐饮、零售一条街！新天地是在经营世界的文化记忆，而不是仅仅向欧洲借文化，现炒现卖！这是新天地的命根子，是它持久生命力的要害，决定了新天地是持续兴旺还是渐渐衰退。

八

开发城市
文化资源

新天地的出现似乎在改变人们对房地产经典理论的看法，"地段、地段、还是地段"不再是颠扑不破的真理。人们开始相信，空间创造比地段更重要！房地产可以与商业跨界，与文化跨界，创造出全新的东西。

空间创造是什么？是卓越的建筑设计？新天地成功的奥秘一直是个谜。新天地建成之后，始终有络绎不绝的参观者，尤其是商业地产的同行们，他们想揭开谜底。

新天地开发商给出的答案：我们不仅仅是开发土地资源！

开发商进一步说：新天地空间创造的成功之道，是截取了石库门历史某一段，最最美好的那一段。

听上去，让人一头雾水。

还是打个比喻来理解这段话。一座新建的庙宇，严格地说，它并不是庙，只是一个造型像庙的建筑。新建筑的使用价值高，但文化价值相当低，起初没有多少人信它，敬香的人少。庙里开始讲故事：某天来了位高僧为寺庙开光，一束天光照亮庙宇，顿时紫气东来，霞光万道，正巧当天有几个敬香求愿的人，因为菩萨显灵，祈福者人人如愿，想发财的发财，想得子的生子，久病不愈的，抬着进庙走着回家。故事越传越远，越传越神，庙里的香火就旺起来了。一座庙宇有了故事，有了文化价值，才成为真正意义上的庙。

一般的房地产公司往往注重城市"土地"这一自然资源，注重建筑空间设计，忽视了城市还有一块很重要的资源是城市文化。城市文化包括现代的和传统的，物质的和非物质的。有形的资源很容易被看见，无形的资源需要有发现的眼光。

城市文化像个大仓库，万宝全书，什么都有，鱼龙混杂，五花八门，并不能直接拿过来就用，需要挑选，如同海滩拾贝，与眼光和思考有关。拿来后要重新诠释，放在合适的位置上，使之成为商业地产项目中最具活力的部分。

新天地就是通过开发城市文化资源而迅速提升项目的文化价值，它的手法是会讲故事，会创造故事，让新天地每天有故事发生。

讲故事是文化传播的最佳方式。

"新天地"三个字本身没有多少故事可说，一个符号而已，每天用广告、广播喊上一千遍的"新天地"，别人也听不明白，记不住。要让"新天地"三个字有文化内涵，进而产生文化认同，唯有把新天地与石库门挂起钩来，因为石库门具有深厚的文化底蕴。但当时石库门在上海人眼中是又旧又破的穷街坊，市民们巴不得快点搬离石库门，住进明亮宽敞的现代公寓。石库门形象并不那么美好，把破房子改造成现代餐厅和咖啡馆，让"穷街"成为休闲步行街，国际国内优秀人才、有消费实力的人会有兴趣到那里去喝咖啡、请客吃饭吗？会不会让人感到有失身份？

如何才能改变上海人对旧石库门的习惯看法，重新认识石库门？给石库门一个新的定义，一个新的形象？

很少有人会想到，衰败的石库门也有过辉煌！

石库门从它的诞生到衰败是一个漫长的百年过程，积淀了极其丰富的文化资源，如同浩瀚的大海，需要用发现的眼光去筛选。石库门现在像个落魄贵族，但它曾经有过光耀世界的巅峰阶段，新天地的推广宣传定位明确，主要讲她辉煌的那一段，最最美好的一段。

"怀旧"成为新天地故事的主题。

2000年1月21日，新天地样板房里举办了"徐元章回眸老上海画展"。展出的几十幅水彩画全部画的是上海的老洋房，这是抓住了视觉上的上海历史文化资源。水彩画家徐元章在20世纪90年代的上海老城区重建中，眼看熟悉的老洋房在旧区拆迁中轰然倒地，他作为一介文人相当无奈。画家的敏感告诉他，需要抓紧时间，用画笔来"抢救"还没有被推倒的老洋房，延续这座城市一部分文化记忆。他用了近十年时间有计划地画下了一幢又一幢老洋房，在"回眸老上海画展"的作品中，有的老洋房已经被拆毁了，人们只有通过他的画追忆这些历史建筑。水彩画家徐元章在美术界名气不大，但画展开幕式来了不少外国驻沪领事馆官员捧场，引起了新闻记者的兴趣。一追问，竟牵出了画家本人的身世。原来徐元章是20世纪20年代上海滩赫赫有名的德国谦信洋行买办周宗良的后裔，家住淮海中路上最大的私家花园洋房宝庆路3号，那是5栋德式别墅及花园组成的豪宅。外祖父留下的家产，别墅内偌大的客厅和占地5000平方米的大花园，是上海各国外交官经常举办周末派对的地

"徐元章回眸老上海"画展仕新大地样板房举行，画家徐元章先生（左三）、瑞安公司吴志强先生（左一）与外国驻沪领事合影。

方，那里有欧洲外交官熟悉的欧式建筑、西洋绘画、怀旧音乐，成为一些欧洲外交官交流聚会、休闲放松的最佳去处。徐元章的怀旧老上海画展自然引起外交官的浓厚兴趣。新闻媒体以《上海最后的贵族》为题大篇幅报道了徐元章的故事。

"徐元章回眸老上海画展"吸引了许多老上海来新天地怀旧，也吸引了许多年轻人来参观，各国驻沪领馆、外商企业里的外国人也纷纷来观赏画展，加深了对上海历史文化的认知。

其实，怀旧画展具有很强的现实意义，参观者们看到如此珍贵的老洋房被一幢幢拆毁，无不扼腕叹息，可以视为敲响了城市危机的第一声警钟。"怀旧"恐怕是最早站到"大拆大建"对立面的觉悟者。

若论听觉上的"老上海"，排在首位的要数《玫瑰玫瑰我爱你》、《夜上海》和《蔷薇处处开》等怀旧金曲，那是 20 世纪 30 年代著名音乐家陈歌辛的作品。

陈歌辛，已是上海年轻一代很陌生的名字了。经上海文化界人士推荐，新天地邀请了著名音乐家陈钢来回忆他的父亲陈歌辛先生，组织了一场"父亲与我——陈钢回顾演奏会"。陈钢先生是小提琴协奏曲《梁山伯与祝英台》的作曲者之一。这场音乐会吸引了老、中、青三代的听众，陈钢先生在优美流畅的音乐声中话说历史，两代音乐家坎坷的创作经历和人生体验，串起了一部上海 20 世纪的历史。

陈歌辛是 20 世纪上半叶中国乐坛上与聂耳、冼星海等著名音乐家齐名的作曲家，曾被誉为"歌仙"。1938 年任上海中法剧专音乐教授，他创办实验音乐社，介绍苏联等中外爱国歌曲。1937 年日本军阀入侵上海后，他在"租界"孤岛创作了不少抗日歌曲，如《不准敌人通过》、《渡过这冷的冬天》等，在上海城乡和抗日军队中广为流传，遭到日本侵略者痛恨，但又无可奈何。1941 年太平洋战争爆发，日本侵略者占领租界，陈歌辛被日本宪兵逮捕，关进臭名昭著的极斯菲尔路 76 号，遭老虎凳等酷刑逼供，但他始终一句话"我是中国人"，日本当局无奈，折磨他三个月后放出。之后，在 1942 年暗无天日、恐怖笼罩下的日军占领时期，陈歌辛没有放弃音乐，创作了《玫瑰玫瑰我爱你》、《蔷薇处处开》等脍炙人口的乐曲，为严冬中的上海市民送去一枝花，送去一丝暖意。

1949 年新中国成立后，陈歌辛回到上海，担任昆仑、上海电影制片厂作曲。1951 年，《玫瑰玫瑰我爱你》在美国流行歌曲大奖赛上荣登榜首，但 100 万美元的大奖找不到获奖者，获奖名单上写着"作曲者不详，可能在红色中国"，主办方为此还曾发起寻找作曲者的活动。当时正值朝鲜战争时期，陈歌辛说，我若真得到 100 万美金，马上捐给国家买飞机去打美国侵略者。1957 年，这位爱国音乐家被错划为"右派"，送往安徽白茅岭农场劳动，在 60 年代初的三年自然灾害中饿死在当地，去世时年仅46 岁。1979 年，陈歌辛"右派"改正，恢复名誉，但中国永远失去了一位人民音乐家。

陈钢先生自幼跟随父亲陈歌辛学习音乐，15 岁开始音乐创作，1955 年进入上海音乐学院作曲系学习。在大学四年级时，他与何占豪合作，创作了闻名中外的小提琴协奏曲《梁山伯与祝英台》。但在那个特殊的岁月里，父亲遭到不幸，儿子不

著名作曲家陈钢先生在新天地演奏钢琴曲《梁山伯与祝英台》。

得不与父亲划清政治界线，以保住自己音乐事业的生命。陈歌辛在白茅岭农场劳动时思念妻儿，带信回家希望得到儿子创作的"梁祝"曲谱，在当时的政治高压下，陈钢不敢给，这件事成为陈歌辛、陈钢父子俩一生的遗憾。

　　陈钢先生在音乐回顾演奏会上动情地说，这些怀旧老歌在上海重新唱响，不仅印证了上海的一段历史，更是反映了"包容"的城市文化又回到我们中间。

　　新天地以"怀旧"为基调的活动相当多，每月有画展，每周有派对，每天晚上有酒会。金融界的名流大佬们来回顾昔日上海国际金融中心的辉煌；知名作家在新天地聚会，畅述石库门亭子间文学的历史地位和张爱玲小说的现实意义；著名演艺界名人来座谈，探讨昆曲的创新之路……热热闹闹，你方唱罢我登台，借助"怀旧"开启了一扇重新解读石库门的大门，唤醒人们的文化记忆。

纵观人类历史，一个民族、一个国家、一个城市的大飞跃，往往是以大回顾为引导的，例如欧洲工业文明崛起，正是以文艺复兴为前导。回顾的目的，不是为了复古，不是为了恋旧，而是为了开创未来。上海人的"怀旧"指向很特别，独独怀旧 20 世纪二三十年代。石库门老房子勾起的怀旧情结，包含着一种上海在全世界地位的文化想象，怀旧的背后是期盼上海在百年后的 21 世纪二三十年代再度辉煌，重新成为亚洲乃至世界的金融、贸易中心。上海在 20 世纪 90 年代有了一个新的表述：重振上海雄风。说得直白一点，就是重新问鼎亚洲金融中心的宝座，重新回到国际舞台的中心。进入新世纪，中国政府、上海市政府提出了更加明确的时间表：上海要在 2020 至 2030 年建成国际金融中心。怀旧反映了一座城市的人心所向，是"重振雄风"的文化支撑。

近百年来，上海从国际金融贸易中心沦为消费性城市，新中国成立后转型成为中国工业中心，20 世纪末一个华丽转身，重新迈向国际金融、贸易中心。这样一个轮回验证了一条辩证法：社会的发展是螺旋式上升，每一次惊人的回归现象是向社会更高层次的发展。

从哲学的视角看，上海新天地对石库门老弄堂的改造方式完全符合螺旋式轮回的辩证法则。新天地有意识让老弄堂恢复上世纪二三十年代的感觉，形成一种历史回归现象，但每个老房子内部的餐厅、酒吧、文化场所则是 21 世纪最现代的，形象地再现了上海人怀旧辉煌历史与憧憬美好明天的内心感受。对这一高尚情感的文化认同，以及由此产生的归属感，让老上海人和新上海人反反复复来新天地消费，百来不厌，这是新天地开业以来兴旺了 10 年而不衰的内在原因。

这一观点是有依据的。2010 年世界博览会在上海举办时，上海馆向全市人民征询馆名主题，组委会从 4 万件来稿中挑选，经专家评定，最终选择了"永远的新天地"作为主题，上海馆的外形是石库门，反映了一座城市的民心所向。

昨天是今天的历史，明天是今天的创造。明天的大厦是今天开始建造的，开发城市文化资源不仅仅指历史文化资源，更重要的是推动城市文化向前发展，开创城市新文化。

新天地将用更多的热情来创造今天的故事。

2000 年 3 月,新天地在新世纪第一个春天讲了一个创业的故事。当时上海人的习惯思维方式是:个人职业生涯由国家去安排,大学生毕业希望去大公司上班,年轻人发家致富全靠继承老一辈留下的遗产……"创业"是个新名词,它唤醒了上海人心中半个世纪之前的"创业"基因,激活了上海人勇于创业的移民文化,在年轻一代的上海人、新上海人心中播下一颗创业的种子。

新天地这项活动的名称是"10 万助你创业"。故事说的是罗康瑞自己创业的经历:1970 年他借了父亲 10 万元港币起家创业,30 年后发展成为一家大型企业集团。一本《海鸥约纳堂》的小说对他的创业产生过巨大的影响,成为他励志的精神支柱,后来成为瑞安公司企业文化的核心思想。《海鸥约纳堂》讲的是一只海鸥不甘心每天贴着海滩飞行,靠游客扔下的食物过活,它立志要像雄鹰一样搏击长空,自我挑战高空飞翔。当它经过刻苦的飞行训练获得成功后,又回到海边的同类中,热情帮助一群小海鸥学习高空飞行。故事从海鸥约纳堂引申到罗康瑞在香港创业成功,后来到黄浦江畔,很想帮助大陆的一批有志青年创业,任何一位能拿出创业计划的人,只要通过专家评审,就能得到他提供的 10 万元人民币的资助和创业指导,在新天地创业,与新天地共同成长。

这一则消息在全国各地传开,引来了成百上千的报名者,他们绝大多数是社会底层的小人物,有学生、生意人、普通工人,甚至农民工。"创业改变自己"点燃了年轻人心中的一把火,河南省一位青年坐在开往郑州的火车上,一张掉在地上的《南方周末》报吸引了他,"10 万元助你创业"的文章让他热血沸腾,一到站他就买了一张火车票南下上海,直奔新天地。

进入新世纪的中国变得越来越开放,国内的户口管理正逐步放开,农村与城市、小城市与大城市的人口可以自由流动,有志向有能力的年轻人纷纷奔向沿海大城市,形成"打工"一族。中国经济的迅猛发展为无数中国人带来机会,"城市梦"、"中国梦"正如朝阳喷薄而出。这些"打工族"来自山沟乡野小城镇,来自平民百姓,没有家庭背景,没有财富后盾,唯有自己的双手,他们抱有一个梦想:依靠奋斗改变个人的命运。

中国的崛起,从根本上说,是无数中国人的个人命运崛起之总和。

新天地只是一个房地产项目,但也可以让它成为一个改变个人命运实现创业梦想的一个部分。在这个平台上,人人平等,不会因为你来自名牌大学,你有个有权有钱的老爸,或者出身贫寒,就会另眼相看,归根到底看你个人的能力,看你能给这个社会、给新天地带来什么创新的东西,带来令人兴奋的东西,一切靠创新力说话。

"创业改变命运",新天地以10万元帮助有创新能力的人实现梦想的同时,也帮助新天地实现了自己的梦想。

同济大学工业设计系的女学生蒋琼耳,就是百余名报名者中的一位。她通过几轮评审后胜出,赢得10万元资助,在新天地开了一家个人设计品牌店"琼耳饰品",创意是用工业的螺帽、垫圈做成女孩子的时尚饰品挂件。那年正逢她大学毕业,新天地特地为这位女大学生在样板房举办了一场"成人仪式",还特别邀请了一些艺术家、文化人、驻沪外交官、公司白领出席捧场。席间穿插了一场"工业时尚秀"的模特儿表演,当美丽的模特儿戴着工业垫片、螺帽制成的颈链、头饰,穿行于石库门之中,产生了令人惊艳的效果,尤其她让70岁的外婆也戴着"工业饰品"在嘉宾面前走秀,把现场气氛推向高潮。这位女大学生当场宣布,她第二天将登机去法国留学。她是从新天地出发的。

几年后,她学成回国,一开始帮着法国著名建筑设计大师夏邦杰做事,后来又与法国顶级奢侈品牌爱马仕合作。做着做着她内心的位置移动了,越移越中国了,她想完成一个复兴中国传统手工艺的梦想,让即将失传的中国民间工艺与现代设计相结合,把它们打造成世界级的中国奢侈品牌。她的产品有服装、首饰,也有居家用品和家具,每一件物品都是采用中国乃至亚洲各国的传统手工艺。她立志要让国人和洋人拿起每一件物品就放不下,看看外表挺漂亮,很有灵气,里面的气脉和筋骨都是最中国的,貌似天然,随手撞到的都是历史,充满东方的神韵和玄机。一个中国味的奢侈品牌"上下"在2010年问世了,这是蒋琼耳与法国爱马仕集团合作创立的新品牌,意喻"承上启下""上下五千年""阴阳轮回"。承上启下是一种使命,蒋琼耳认为,中国人再不抓紧抢救,爷爷辈的工匠们一个个离开人世,他们手上的技艺也被带进坟墓,中国传统手工艺将真的会出现文化断层。

（上图）2000年7月，同济大学女学生蒋琼耳在新天地样板房举办"工业浪漫"设计展。蒋琼耳（左二）和她父亲、著名建筑师邢同和（右一）与瑞安公司领导在开幕仪式上。

（下图）蒋琼耳在新天地创业后，留学法国，后回到上海继续创业，与法国顶级奢侈品牌爱马仕集团合作，创立了中国文化的奢侈品牌"上下"。图为"上下"品牌商店里布置的装饰，很有云中漫步的空灵感。

"上下"品牌在西方设计界好评如潮，她本人被西方时尚界公认为中国最有价值的设计师之一。欧洲时尚界已经开始认同"中国设计"这个新名词。

一只小海鸥展翅高飞了。

上海的新闻媒体开始注意这个新世纪初冒出来的"新天地"，不但改造后的石库门很新鲜，还发现石库门里的故事也很新鲜。

世界小姐环球大赛"全球推广"巡游活动到了上海，五大洲108名佳丽吸引了上海市民的目光，也备受娱乐媒体关注。上海众多的五星级宾馆、大酒店翘盼"宠幸"，主办方的眼界很高，不想在五星级酒店里做推广活动，要挑最有这座城市特色的背景与佳丽的倩影融合，显示推广活动到了上海。新天地闻讯马上意识到机会来了，主办方不缺钱，缺的是上海形象识别，石库门建筑恰恰是这座城市海派文化的代表。

需要游说活动主办方！新天地精心准备了一个"世界小姐走进新天地，美丽的眼睛看上海"活动策划方案。这个方案有两个亮点：承办方安排世界小姐穿越石库门弄堂，走进石库门天井，在客堂间看八仙桌，坐太师椅，品中国茶，赏山水画，让现代选美时尚与上海历史文化跨界融合；承办方安排108名专业摄影家来拍摄108个世界美女，这些摄影家中许多人本身就是画刊、报纸的美术编辑，扩大世界小姐在上海的知名度。这一创意让世界小姐活动经纪人听了都很兴奋。其二，新天地制作了108块仿"红砖"，让108位漂亮姑娘留下签名。世界小姐环球大赛的决赛地在美国夏威夷，108位佳丽谁能戴上冠军的桂冠还是未知数，但108块签过名的"红砖"里，总有一块是新产生的世界小姐冠军的。活动经纪人感到新天地的点子就是新，就是聪明。新天地赞助的不是钱，而是金点子。

那一天，新天地的弄堂真是非凡的美丽，因为太多的美女在弄堂里走动。她们在石库门里进出，宛如仙女下凡，新天地"壹号会所"也因为各种肤色的佳丽来临而蓬荜生辉，一楼、二楼、三楼，房间里、楼梯上、长廊边，美女如云，香气袭人。

活动最高潮是在北里小广场上，108部各式各样的专业照相机对准了108位世界级佳丽，十分壮观。姑娘们站在用108块"红砖"拼成的石库门图案边，各自摆出最优雅的姿态，对着中国摄影师齐喊："I love Shanghai，I love Xintiandi！（我爱上海，

（上图）世界小姐环球大赛的模特儿在新天地的步行街。

（下图）108 位世界小姐候选人站在新天地北里广场上，她们脚下是 108 块签名"红砖"拼就的石库门图形。她们正对着摄影记者们大声喊："我爱上海，我爱新天地！"

著名导演张艺谋在样板房举办电影
《我的父亲母亲》新闻发布会。

我爱新天地！）"回应她们的是一片"嚓、嚓、嚓"按动相机快门的声音，一片闪光灯的光芒。

这一番激动和美景，留在了"世界美人"的心里，留在了摄影家的镜头里，留在了新天地，留在了上海。

世界三大男高音之一的意大利歌唱家帕瓦罗蒂生前唯一一次在上海的演唱会轰动了上海，因为就唱一场，那个晚上剧场座位全被上海各界顶级人物占据，但最抢风头的新闻发布会安排在新天地的意大利餐厅 Va Bene，轰动从新天地开始。

中国著名导演张艺谋拍摄的《我的父亲母亲》的新闻发布会安排在新天地举办。无独有偶，中国著名电影明星巩俐主演的《漂亮妈妈》电影新闻发布会也被安排在新天地。

当今时髦的"穿越"电视剧、"穿越"小说其实早在 2000 年的新天地就有了，新天地是"穿越"戏的鼻祖。艺术家陈逸飞曾在新天地样板房举办了一次时装秀，特别安排模特儿从 20 世纪的石库门弄堂，穿越到 21 世纪装饰理念的新天地样板房。一队队身穿白色衣裙的女模特梦幻般地穿梭于石库门的门里门外，仿佛穿越了两个世纪，非常新奇，大开眼界，也让不少人费解，不知其背后的含义。陈逸飞传递了一个信息，他相当迷恋老上海，他欣赏"昨天，明天，相会在今天"这句话的丰富内涵。后来，他又把"穿越"文化带到了他制作拍摄的电影《海上旧梦》，让画家梦游般地追随一位女子，穿越了20世纪30年代的上海老街、老弄堂。许多人以为艺术家在挥洒怀旧情绪、唯美主义，错了，他是在呼唤一种尊重历史、开创未来的文化态度。这种素质已在人们身上渐渐复苏。十年后的今天，这一文化理念以穿越文化的形式，为越来越多的年轻人所认同。

新天地的各类时尚活动密度相当高，为了给时尚一族多一份惊喜，对有些活动故意秘而不宣，让时尚人士走进新天地与明星不期而遇。新天地开始出名了，《新民周刊》娱乐版记者写道：上海的明星们，当你们走进新天地，不要以为自己还是明星，因为那里大牌的明星太多！上海的美女们，当你们走进新天地，不要以为自己还是美女，因为那里有更漂亮的美女。

新天地渐渐成为上海的时尚地标，淮海路沿街办公楼里的白领们流行一句话：时尚不时尚，看你一个月去几次新天地。新天地成为白领们约会、谈事的碰头地点。

不经意中，新天地成了上海时尚活动的平台。汽车商、电子产品商、化妆品商、时装制造商以及电影制作商蜂拥而来，在新天地的时尚平台上一展风采。

随着城市发展，上海外来人口不断增多，城市文化在悄悄发生变化，新天地的故事内容也发生了变化，向未来延伸。

2002年，一位欧洲的旅行艺术家在新天地举办了一场很有趣的城市文化测试，名曰"What's Art"（什么是艺术），她在欧洲各国和亚洲的日本、韩国都做过类似的城市文化调查。

女艺术家在北里的"逸飞广场"（现为喷泉广场）的空地上摆了个8米见方的地摊，铺上一块块印有"Art"的白纸板，邀请走过的路人、好奇的围观者书写他们对艺术的看法和理解。

人们写下的答案五花八门：艺术是爱，艺术是美的梦想，艺术是人类对物质世界的精神提炼和升华……答案可能有上千个。女艺术家真正的目的不是答案本身，而是测试一座城市的市民对身边的人和事的关注度、参与度，即生活态度和生活观念，测试人与人之间相互关心的互动能力，以此了解上海的城市文化特点以及国际化的程度。

当时，不少好奇围观的本地市民对女艺术家递来的白纸板连连躲让，他们只是

（左上图）中日文化交流项目"鬼太鼓座"在新天地样板房举办。
（左中图）世界著名歌手瑞奇·马丁（Ricky Martin）的上海个人演唱专场举办地，上海有众多场所竞争，主办单位陪同歌手的经纪人在全上海找了一天，最后决定放在新天地。
（左下图）成龙等香港明星出席"东方魅力"餐厅开张仪式。
（右上图）上海球迷向往的AC米兰队足球明星访问上海，与球迷的见面会放在新天地，新天地代表上海。图为AC米兰队球员与上海的小球迷在新天地"壹号会所"门口踢球。
（右中图）2005年，上海的F1赛车赛场建成，F1赛车组委会为了让市民了解F1赛事，不惜支付70万元的场地租赁费，在新天地人工湖边做了一周的赛车展览和水幕秀。
（右下图）新天地举办"法国周"魔幻秀。两位法国装扮的模特站在石库门老弄堂里，表现欧洲与上海的时空穿越，文化跨界。

想"轧轧闹猛"解解闷,把"参与"看作"多管闲事",追根溯源是"各家自扫门前雪,休管他人瓦上霜"的农耕文化的表现,而愿意停下脚步书写"Art"纸板的参与者,大部分是外国游客,有海外生活经历的上海年青人也不逊色,落落大方地写下自己的看法,有的还是全家参与,父母说,孩子写。

上海是个大码头,世界各地、全国各地不计其数的文艺表演、商业推广活动在上海举办。这些展示是"飞来文化",若没有与本地文化的"互动"和"交配",外来文化就停留在"展示"的层面,上海自身的原创力不会有显著的提升。因此,上海不仅仅是外来文化进出的大码头,更应该是国内外各种文化互动的平台,让外来文化在上海从"展示"走向"互动",这对提升上海原创力具有重大作用。

一部分本地市民对"What's Art"的参与度不够热情,是上海城市文化向未来发展的上升空间,随着城市的进步和市民素质的提升,上海的国际化与市民参与度会同步上升。

上海在城市化初期,比较重视看得见的城市建筑,忽视了看不见的城市文化,特别是"顾及他人"的公共空间文化。我国上千年的传统文化从宫廷到家庭,缺少公

(左图)欧洲一位旅行艺术家在新天地举办"What's Art"活动,测试上海市民对生活的态度、人际关系和互动能力。艺术家的助手正在广场上铺纸板。
(右图)一对外国游客参与互动,各自写下了对艺术概念的理解。

共空间文化。中国绘画艺术家与意大利绘画艺术家有一个很大差别：中国的画家喜欢在房间里创作，在纸上挥洒艺术，挂在室内的墙上供人欣赏；意大利的绘画艺术家热衷于在室外的广场创作艺术作品，在石材上挥洒艺术想象力，广场雕塑和壁画经得起日晒雨淋。在意大利的佛罗伦萨街头、广场、建筑上到处留存着艺术家的作品，在公众欣赏中得以传承，中国艺术家和意大利艺术家的差异在于公共空间文化的意识和行为。新天地作为城市公共空间，不仅开发历史建筑石库门，建设人工湖绿地，并举办一系列的公众艺术展示活动，在这些城市公共空间放入新文化——公共空间文化。

新天地的"心灵超市"让上海市民大开眼界。"心灵超市"是欧洲丹麦艺术家马德·哈格斯德伦（Made Hagstrom）独一无二的设计和创造。"超市"里出售的是人们闻所未闻的"心灵"商品，一个个空瓶子、空罐子、空盒子上贴着商标："勇气""智慧""美丽""关爱自己""关爱地球""关爱环境""关爱他人"和"心灵补品"等等，每件商品的价格在5至20元人民币不等。上海市民好奇地来逛"心灵超市"，购买内心的诉求，有点像中国传统文化里的去寺庙里敬香求仙。男性市民倾向于购买一小瓶"勇气"，女士们喜欢买一小罐"美丽"，父母多为孩子选择买一小盒"智慧"。有个现象很有趣：上海本地市民大多愿意购买"关爱自己"的商品，境外人士和一些有过海外经历的白领人士倾向于购买"关爱环境""关爱他人"的商品。在"心灵超市"买什么样的消费品是人们内心世界的流露，折射出一座城市市民的习惯性思维。"只顾自己"是小生产方式的农耕文明的体现，虽说已是都市人，但心灵深处还是残留着农耕文明的烙印，这种文化习惯放大到马路上、公交车上、地铁车厢里便是种种的只顾自己、不顾及他人的行为；这种文化习惯放大到一些化工厂便是向江河湖泊排放废水的行为，只顾工厂生产的需要，不顾及这些行为污染水体，严重污染环境损害公众的健康；这种文化习惯放大到城市设计和建设上，将呈现每座单体建筑很漂亮，但城市整体面貌不协调。

上海需要这样的"心灵超市"和街头行为艺术来启迪市民"顾及他人"的文明意识，市民通过经常参与公众文化活动，养成关心公共事务和公共环境的习惯，千百万人的新习惯就是新文化。

（上图）来自欧洲的街头绘画大师库尔特·温纳（Kurt Wenner）在新天地南里广场上席地而坐，用特殊的彩色粉笔，在地砖上绘出 3D 的作品。画家的真正目的是希望路过的行人和游客来围观他的创作过程，充分体现公众对艺术创作的参与性，推广街头"公共空间文化"的理念。

（下图）透视效果甚佳的绘画作品《垂钓老上海》。

法国艺术家维尔日妮（Virginie）、摄影师汤姆·普拉策（Tom Platzer）在太平桥人工湖的湖面上，拉起一条条不同色彩的荧光帆布条，艺术家邀请围观的市民共同参与，让互不相识的人通过参与和互动，拉近人与人之间的距离，达到心灵的沟通。

　　2002 年，太平桥地区人工湖绿地建成后，相继启动了"翠湖天地"住宅项目和"企业天地"办公楼项目，一片新城区有了雏形，但是新的文化习惯尚未形成，周边石库门老街坊的旧习惯纷纷袭来：人工湖绿地很漂亮，一些市民在湖边的树上拉绳晒被子，来人工湖洗脚、洗衣服，踩踏草坪，乱扔垃圾，而且不服从管理。建立城区新文化的任务迫在眉睫，政府和瑞安公司都很着急。

　　罗康瑞在 2002 年的上海市市长国际企业家咨询会上，发表了《尽快提升上海市民素质》的演讲，并播放了一段自己拍摄的市民不文明行为的录像，并把上海的市民不文明行为与日本东京、法国巴黎市民的文明行为进行对照，在会场上引起轰动。市长咨询会一落幕，在市领导的要求下，上海全城开展了一场声势浩大的"做一个可爱的上海人"的市民大讨论，推动市民文明素质与城市建设共同进步。

　　罗康瑞又出新点子，把新天地培育起来的新文化向太平桥人工湖延伸，每年在人工湖边上组织全市性的倒计时迎新年晚会，让外国人和上海市民共同参与，让人与人互动、文化与文化互动，让互动、融合成为上海城市公共空间文化的特色，这种新文化名叫"新天地"。

当时上海已经有了每年一次的新年零点龙华寺撞钟108下迎新年活动，由市旅游局组织，分管旅游的副市长参与，顺应广大市民新年祈祷的心愿，拉动旅游消费经济。若要在上海再增加一个每年举办的大型城市文化活动，市政府会支持吗？新天地需要与市政府沟通，形成共识。

瑞安公司公关部拿了一个创意去与市政府相关部门协商。这个创意的概念是：上海的城市发展目标是国际金融、贸易大都市，现在外国人越来越多，他们在上海工作生活，视自己为新上海人，甚至圣诞节也不回国了，上海需要让这些外国人融入这座城市，就要想方设法让他们有参与感，对这座城市有归属感。龙华寺零点敲钟祈福和玉佛寺凌晨烧头香是中国传统迎新年方式，不一定适合外国人迎新年的文化习俗，上海需要有一个国际化迎新年的活动。

"让外国人融入这座城市""体现东、西方文化融合""展现国际大都市形象"，这三句话说到了市政府的心坎上，一个创意诞生了一项全市性的活动。

从此，上海每年年终有了一个民族化的迎新年祈福活动和一个国际化的迎新年晚会。新天地利用自己有外国人、外商企业、外国驻沪领馆官员经常来消费的人脉资源，举办了一场类似美国纽约时代广场的苹果倒计时迎新年晚会。为了吸引更多的上海市民和国内外人士参与，特别邀请了人气很高的流行歌星李玟小姐来演唱。2002年12月31日晚上，人工湖边的湖滨路上集聚了一万多人，美、英、德、法、俄、日等二十多个国家的驻沪总领馆官员来了，美国商会、意大利商会来了，IBM、西门子等跨国企业的代表来了，华人企业家来了，上海各界人士来了。当零点的脚步走来之时，时任副市长姜斯宪身穿特制的中装棉袄，与罗康瑞先生、活动主办单位领导一齐登台启动拉杆，全场万人齐声倒数"5、4、3、2、1"，零时到来瞬间，湖面上礼花焰火腾空而起，亮起一个石库门造型的灯环，人们欢呼雀跃，大家相互拥抱，相互祝愿，愿明天更美好。

（左图）新年零点，新天地烟火
腾空而起，万人欢呼。
（右图）2002 年 12 月 31 日，
时任上海市副市长姜斯宪（左五）
和七位嘉宾与全场上万市民共数
三、二、一，迎接新年零点的到来。

　　瑞安公司为"新天地迎接新年活动"投入资金 800 万元人民币。之后，每年的
迎新年倒计时活动的投入资金不低于 600 万元人民币。

　　2004 年"新天地迎接新年活动"邀请明星刘德华。

　　2005 年"新天地迎接新年活动"邀请明星陶喆、萧亚轩。

　　2006 年"新天地迎接新年活动"邀请明星谭咏麟、李克勤。

　　2007 年"新天地迎接新年活动"邀请明星周华健、S.H.E。

　　2008 年"新天地迎接新年活动"邀请明星王力宏、周笔畅。

　　2009 年"新天地迎接新年活动"邀请明星陈奕迅、林忆莲。

　　2010 年"新天地迎接新年活动"邀请明星郭富城、林俊杰。

　　2011 年"新天地迎接新年活动"邀请明星潘玮柏、庾澄庆、范晓萱、蔡健雅。

　　2012 年新天地迎新晚会是这项历时 10 年活动的终结，因为卢湾区与黄浦区两
区合并为新黄浦区，迎新年晚会移师黄浦江边的外滩举办，黄浦江是上海的城市
象征。2012 年新天地迎新晚会入场券、邀请函成为许多市民的珍藏，成为一座城
市的文化记忆。

　　新天地伴随上海城市发展还在讲述新的故事，几乎所有故事都含有文化融合、
文化包容的特点，融合、包容是多元文化的相处之道。多元文化的跨界融合、互相包
容正在成为世界各方接受的新文化，这是全球视野的新文化，也将是"中国梦"的深
刻内涵，新天地作为上海新文化的地标，广受各国各界人士欢迎是很自然的了。

新天地市场推广活动汇总表

1999 年

8 月 27 日	新天地开幕,香港媒体采访活动。
9 月 24 日	张艺谋《我的父亲母亲》新闻发布会
10 月 12 日	张玛莉上海摄影展
11 月 3 日	"名人名作艺术展"开幕式
11 月 15 日	"东方魅力"综合娱乐中心落户新天地
11 月 15 日	法国 "Magic spot" 落户新天地
12 月 9 日	周海媚 "天宝表"新天地记者见面会
12 月 16 日	陈逸飞 "Fashion 2000" 时装秀

2000 年

1 月 20 日	冯小刚《没完没了》新闻发布会
1 月 21 日	徐元章 "回眸老上海"画展
3 月 24 日	意大利银行行长、诗人萨瓦多瑞及画家柯罗夫诗画展
3 月 31 日	张峰独唱音乐会新闻发布会
4 月 3 日	Asia.com 市场推广活动
4 月 7 日	"王仁定的江南"摄影作品展
4 月 8 日	"决战紫禁之巅"新闻发布会
4 月 17 日	新天地"十万元助你创业"第一批创意书投稿者面试评审会
4 月 21 日	埃及女画家(大使夫人)库塞尔·谢里夫作品展"从尼罗河到长江"
4 月 23 日	上海国际航空小姐世纪风采大奖赛闭幕酒会
4 月 24 日	著名影星巩俐《漂亮妈妈》新闻发布会
4 月 24 日	著名画家石虎作品欣赏会
5 月 9 日	2000 "润妍杯"上海国际时装模特大赛记者见面会暨欢迎酒会
5 月 12 日	吴昌硕四代书画艺术欣赏
5 月 17 日	2000 上海国际服装文化节"消费者最喜欢的十大品牌服装"评选颁奖酒会
5 月 20 日	"鬼太鼓座"中日文化交流特别表演
6 月 3 日	中外儿童艺术展

6月7日	文华里"石库门家具精品展"开幕酒会
6月9日	"新欢乐调频"103.7频道在新天地活动
6月21日	星巴克咖啡落户新天地
6月22日	意大利俱乐部之夜"建筑与自然"展
6月28日	《考试一家亲》开机酒会
7月6日	俄罗斯女画家画展（上海36家外国驻沪总领事出席）
7月15日	《周末画报》"与您走向未来"活动
7月15日	新天地"十万元助你创业"第二次面试
7月21日	蒋琼耳"工业浪漫"概念首饰设计展
8月11日	Acnielsen 非耐用消费品产品发布会
8月18日	eDongcity.com 互动网络电视发布会
8月29日	尼泊尔之夜——中尼建交45周年晚会
9月7日	意大利银行家中国地毯展示会
9月8日	"新吉士"餐厅开张
9月14日	欧米茄手表新闻发布会
9月16日	澳大利亚女画家画展
10月20日	《一声叹息》新闻发布会
10月28日	2000 宏丰洋酒中国有限公司活动
11月4日	"诗意的空间"徐燕婷等五位艺术家绘画展新闻发布会
11月9日	庞薰艺术研讨会
11月11日	石墨先生作品展开幕友人聚会
11月16日	KOOKAI 产品发布会
11月20日	韩秉华、苏敏仪设计艺术作品集首发式
2001年	
1月5日	太平桥地区公共绿地开工典礼
2月13日	《锦绣前程》电视剧公开招聘演员新闻发布会
2月28日	"东方魅力"揭牌仪式
3月3日	Cosmopolitan Show
3月15日	《锦绣前程》电视剧公开招聘演员总评选宣布仪式
3月20日	宝姿时装秀

5月3日	2001 年上海第七届国际服装文化节闭幕仪式
5月16日	沙宣美容美发学院开业典礼
5月29日	"东方魅力"开业典礼
6月12日	维珍航空上海——伦敦航线豪华商务舱新产品推广会
6月24日	"Ark"日本音乐餐厅开业
7月2日	意大利商会活动
7月12日	加拿大政府与团中央共同举办青年企业家联谊会
7月27日	干邑·雪茄·夜上海——马爹利精英俱乐部活动
8月25日	"存在的浪漫"蒋琼耳现代艺术作品展
9月8日	"LA MAISON"法国餐厅开业庆典
9月16日	澳大利亚昆士兰省华纳世界电影表演团活动
9月20日	2001 年上海国际旅游节瑞士民间歌舞表演
9月26日	Tahitian 黑珍珠产品推广会
9月29日	"逸飞之家"开业庆典
9月30日	阳光卫视杨澜工作室参观报道新天地
10月12日	YPO 青年企业家联谊会晚宴
10月13日	2001 著名画家石虎作品欣赏会
10月13日	Traditional Bavarian 啤酒推广活动
10月21日	APEC 工商咨询理事会欢送晚宴
10月24日	新天地"壹号楼"老住户回访
10月25日	2001 年新天地杯上海国际定向运动精英赛
10月26日	"Vabene"意大利餐厅开业庆典
11月4日	2001 年上海市市长国际企业家咨询会晚宴
11月16日	2001 瑞安员工日家庭日活动
11月23日	法国纸人艺术展
11月30日	北美皮草协会时装发布会
12月9日	台湾著名影星林青霞到访新天地
12月13日	Chrismas light up（Xavier fashing down）
12月20日	"透明思考"餐厅开业庆典
12月31日	迎 2002 年新年倒计时晚会

2002 年

1 月 11 日	"上海组合" 开业庆典
1 月 18 日	"采蝶轩" 开业庆典
1 月 23 日	上海旺旺一茶一座餐饮有限公司入驻新天地签约仪式
1 月 25 日	朱膺油画展
1 月 26 日	两岸记者拍摄 "上海周末" 新天地
1 月 26 日	"大一" 艺术馆开幕活动
2 月 10 日	上海邮政博物馆新天地分馆入驻新天地签约仪式
2 月 10 日	"欢天喜地 天长地久" 上海新天地摄影大赛开拍仪式
2 月 16 日	香港歌星林忆莲新唱片新闻发布会
3 月 29 日	"欢天喜地 天长地久" 上海新天地摄影大赛颁奖仪式暨摄影展开幕仪式
4 月 24 日	2002 年上海第八届国际服装文化节开幕式
5 月 11 日	"形艺廊"（H&Z）开幕典礼暨 H&Z 水墨水彩首展
5 月 18 日	C.J.W 酒吧开业典礼
6 月 14 日	T8 餐厅被《旅行家》(Traveler) 杂志评为全球 50 强最佳餐馆
6 月 14 日	上海邮政博物馆新天地分馆暨新天地邮政所开业庆典
6 月 30 日	新天地转播韩日世界杯足球赛决赛盛况
8 月 30 日	"父亲与我" ——陈钢回顾演奏会
8 月 31 日	"光、明、曲" 琼耳新艺术作品展
9 月 15 日	韩国文化艺术表演团在新天地演出
9 月 15 日	瑞士表演团在新天地演出
9 月 19 日	英国现代舞坛的重量级人物阿库汉姆专场演出
9 月 29 日	法国著名建筑师夏邦杰作品展
9 月 30 日	新天地国际电影院开业
9 月 30 日	新天地全面开业特别文艺晚会
10 月 2 日	湖畔交响乐演出（130 人大提琴）
11 月 14 日	上海国际旅游交易会
12 月 3 日	上海成功申办世博会庆祝活动
12 月 14 日	"光影同奏 灯火盛典" 新天地迎新年摄影比赛开拍仪式

12 月 14 日	新天地 2003 迎新年亮灯仪式
12 月 14 日	2002/2003 "瑞安杯" 著名房地产企业足球锦标赛发布会
12 月 27 日	著名画家、中国美术学院院长潘公凯先生作品展
12 月 29 日	2003 上海新天地迎新年倒计时晚会新闻发布会
12 月 31 日	2003 上海新天地新年倒计时晚会
2003 年	
2 月 18 日	Shuion properties.com 及 Shuion Club 成立酒会
3 月 8 日	"光影同奏 灯火盛典" 新天地新年摄影比赛颁奖典礼
3 月 13 日	"新天地初级服务证书" 颁证仪式
3 月 18 日	2003 上海国际服装文化节开幕式文艺晚会
3 月 21 日	盛姗姗艺术展
3 月 27 日	Laureus 世界体育奖晚宴
4 月 19 日	新天地慈善攀岩活动
6 月 22 日	珠峰摄影展
6 月 28 日	"雕刻时光 塑造天地"——新天地户外雕塑作品展
7 月 4 日	"Bye Bye SRAS" 寄心愿活动在人工湖畔举行
8 月 4 日	"新上海 新时尚" Ricky Martin 热舞派对
9 月 13 日	"What's Art" 在新天地北里广场举行
9 月 14 日	"抬轿也疯狂" 在新天地南里广场举行
9 月 19 日	"人·荷·自然"——石墨艺术展
9 月 19 日	新天地啤酒节
10 月 22 日	Jerry and Snell 乐队摇滚音乐会
11 月 17 日	2003 世界小姐走进新天地
12 月 12 日	"新语心愿"——2004 上海新天地新年亮灯仪式
12 月 31 日	2004 上海新天地新年倒计时晚会
2004 年	
1 月 10 日	"蓝天下的至爱 天地间的真情"——万人上街慈善募捐活动开幕典礼
3 月 18 日	2004 上海国际服装文化节开幕式
3 月 30 日	"活力新香" 香港周开幕式
5 月 21 日	上海人居展活动

5 月 29 日	"六一"儿童节:阳光童年——石库门弄堂怀旧游戏
6 月 1 日	AC 米兰走进新天地——马尔蒂尼等与小球迷见面
6 月 16 日	哈佛大学校长代表团参观新天地
7 月 3 日	中法文化年:上海——巴黎两地传输活动
7 月 24 日	体验百分百夏威夷——新天地盛夏之旅
8 月 25 日	"喜力"新天地啤酒节
9 月 11 日	葡萄酒品赏周末
9 月 16 日	"无限荣耀共分享"——英美车队中国 F1 庆典
9 月 28 日	"浦江月 中华情"——2004 年中央电视台中秋晚会新天地分会场
10 月 23 日	上海时装周 Esprit 空中走秀
12 月 17 日	"新语心愿"——2004 年新天地圣诞亮灯仪式
12 月 29 日	2005 年上海新天地倒计时晚会新闻发布会
12 月 30 日	全国文化产业示范基地授牌仪式
12 月 31 日	2005 年上海新天地倒计时晚会

2005 年

4 月 3 日	爵士周
5 月 19 日	全球奢侈品牌首脑聚会
6 月 8 日	2005 新天地"夏威夷体验"活动
8 月 5 日	"A STAR IS BORN"活动在企业天地大堂举行
8 月 11 日	"和谐魅力创意摄影大奖赛"在新天地举行
8 月 19 日	"网球新天地"仲夏夜派对
9 月 9 日	2005 全球华人超级男模大赛
9 月 15 日	"今天的起跑线,明天的领奖台"——青少年与体育明星见面会
9 月 15 日	上海话剧中心《倾城之恋》新闻发布会
9 月 23 日	2005 城市遥控帆船赛在太平桥人工湖举行
10 月 27 日	2005 新天地秋冬时装发布会
10 月 30 日	"Pop Pop"新天地艺术行动计划
11 月 19 日	香港文汇报业集团年会
12 月 1 日	2006 新天地新年亮灯仪式
12 月 2 日	翠湖天地鉴赏酒会及音乐会

12 月 31 日   2006 新天地倒计时晚会

2006 年

1 月 22 日   "蓝天下的至爱"——慈善之星桥揭幕仪式

3 月 27 日   "童心共爱"明星珍藏品慈善拍卖展

4 月 12 日   英国音乐文化展

4 月 21 日   "时空穿梭"——周末狂欢派对

5 月 18 日   2006 网球大师杯赛售票启动仪式

6 月 2 日   Artemide showroom 开业晚会

6 月 17 日   Y＋Yoga 生活馆《当和尚遇到钻石》讲座

6 月 20 日   享誉国际的四位行为艺术家在新天地玻璃舱内生活作息两周

6 月 28 日   全球华人摄影展

7 月 12 日   "演绎《狮子王》原始大地的驿动"派对

8 月 1 日   "八年一瞬间"——2006 见证卢湾发展摄影大赛作品巡回展

9 月 20 日   "城市起居室 生活新天地"——2006 新天地秋冬时装秀

10 月 3 日   《生活》杂志 "生活向前进" 中国纪实摄影作品展

10 月 21 日   第八届中国上海国际艺术节——新天地"时尚风"之夜中外文化交流展示周

10 月 21 日   "今日澳洲 风情共享"活动

10 月 27 日   "万圣节"狂欢派对

11 月 4 日   "缤纷心意 特奥献礼"——上海卢湾辅读学生画展

12 月 1 日   澳洲知名组合 The Peppers, Manoeuvre & Aerial Angels 圣诞节表演

12 月 2 日   2007 年上海新天地新年亮灯仪式

12 月 21 日   "天使之舞"广场艺术表演

12 月 31 日   2007 新天地倒计时晚会

2007 年

2 月 14 日   浪漫"音"缘,邂逅新天地——新天地情人节活动

2 月 18 日   春节舞龙舞狮活动

3 月 10 日   上海首届"爱尔兰周"推广活动

4 月 22 日   "有界·无界"——大众汽车奥运艺术展

5 月 24 日   "灵感定义生活"——新天地艺术行动

7月1日	"潮涌香江"——庆祝香港回归10周年大型直播揭幕仪式
7月6日	2007 新天地仲夏游艺系列活动
8月7日	2008 "你我同画"活动——奥运倒计时1周年
9月21日	淮海路时尚月系列推广活动
9月26日	2007 "瑞安杯"上海窗口单位文明礼仪大赛启动仪式
10月12日	2007 秋冬时装季开幕式
10月27日	"下雪了"——万圣节路演活动
11月19日	新天地健康时尚窗口活动
12月1日	2008 上海新天地新年亮灯仪式
12月7日	慧妍新天地"模特·慈善"摄影比赛
12月30日	"追梦上海"——2008 李守白艺术精品展
12月31日	2008 新天地倒计时晚会

2008 年

2月21日	2010 年中国上海世博会倒计时 800 天暨闹元宵活动
3月11日	第二届"爱尔兰周"开幕式
3月19日	《慧妍雅集》25 周年精装纪念册上海首发会
6月21日	"福、禄、寿"喷泉启动仪式
9月19日	2008 "时尚发声·新天地"秋冬时装秀
10月25日	2008 上海新天地万圣节活动
12月1日	2009 新天地新年亮灯仪式
12月5日	2009 圣诞精彩舞台表演
12月31日	2009 上海新天地新年倒计时晚会

2009 年

1月26日	"团圆新天地 翘首最牛年"——喜迎 2009 农历新年舞龙舞狮表演
5月26日	"放大你的生活"主题概念活动
6月18日	地球最大生物"大蓝鲸"亚洲巡回展
7月15日	新天地创建文化旅游规范景区启动仪式
10月31日	新天地万圣节化妆晚会
12月31日	2010 上海新天地倒计时迎新年晚会

2010 年

1 月 8 日	中国庆阳陇绣作品展
1 月 25 日	"当昆曲遇见茶"——新天地昆曲沙龙
3 月 27 日	"长三角世博主题体验之旅示范点"授牌仪式暨上海新天地石库门文化周活动
4 月 30 日	"世界风尚,尽在新天地"迷你世博系列活动
11 月 16 日	新天地时尚购物中心盛大开幕
11 月 28 日	新天地朗廷酒店开幕活动
12 月 1 日	2011 新天地暨淮海路商圈新年亮灯仪式
12 月 31 日	2011 上海新天地新年倒计时迎新年晚会

2011 年

2 月 18 日	"乐天地 爱分享"——新天地携手哈根达斯共同放飞浪漫心愿
4 月 8 日	Love & Fanfan ——范玮琪签售活动
4 月 18 日	新天地时尚品牌"速写 2011"春夏新品发布
4 月 28 日	上海时装周 2011 新天地发布
4 月 30 日	林俊杰内地首办生日派对
5 月 7 日	"开天辟地九十年"——中共建党 90 周年图片展
5 月 8 日	"墨韵"——海上名书画家交流展
5 月 10 日	上海时装周新天地发布签约仪式
6 月 8 日	新天地 10 周年庆开幕活动——"我与新天地"作品展
6 月 27 日	"我们的追怀与致敬"——解放日报报业集团第 46 届文化论坛
8 月 9 日	"雅庐·新天地"文化发展基金启动仪式
9 月 8 日	新天地"时尚·购物中心"夏日明星演唱会
9 月 16 日	"感触韩韵 畅享天地"——2011 新天地韩国文化旅游周开幕式
9 月 11 日	2011"淮海天地时尚月"暨 VOGUE 摩登不夜城活动
9 月 29 日	浪琴 SAINT IMIER 系列城市文化展览
10 月 28 日	QiuHao & Masha Ma 秋冬系列首发式
11 月 3 日	2011"瑞安·永业杯"WDSF 世界大奖赛总决赛新闻发布会
11 月 5 日	举办上海第十届海派文化学术研讨会
12 月 2 日	"胡桃夹子'心'天地"——新天地新年亮灯仪式
12 月 31 日	"天地十年,星耀浦江"——2012 上海新天地迎新年倒计时晚会

九

经营创造价值

国内一些商业创新项目，在不成熟的市场中，免不了被抄袭模仿，鱼龙混杂，结果是创新事物迅速走红又很快退潮，最终被模仿和假冒做烂拖垮。新天地出名后，也遇到这样的模仿大潮，到处冒出"某某新天地"，但那些复制者几乎没有一个成功的，而新天地十多年来一直经久不衰，这是为什么？

　　模仿者向"猫"学了上树，没学下树！他们原封不动地复制了一个老房子的文化休闲街，但不知道新天地还有一项功力，那就是建成后的经营能力。新天地丰富的内涵是靠建成之后的经营创造出来的。一棵新的树，不可能马上就枝繁叶茂。树往上长，靠的是根往下扎，树冠有多大，根盘就有多大。

　　经营是一个很重要的商业概念，这里面的道理不是所有的人都明白的，有人把它理解成物业保值，有人把它看成维护运作，但这只是看到了部分表面现象，经营实质上是一个开发项目的增值过程，是品牌文化的积累过程。

　　郑秉泽先生在总结成功的开发项目时说，一个好的商业地产项目若是按照100分计算的话，其中，优秀的规划设计占20分，建筑施工按质按量完成，不超时不超支占20分，市场推广和招商成功占20分，达到60分刚刚及格，剩下40分是看经营和管理。缺少经营管理环节，一个开发项目是难以成功的。可见经营管理的重要性。

　　规划做得好，赢在起点；经营做得好，才是笑到最后，赢在终点。

　　新天地在前期做规划时已经把经营管理纳入整个计划，使经营管理与设计、建造形成一个整体，控制品质，做出品牌，追求价值最大化，避免由于经营管理不善造成设计理念走样，从而保证了设计理念贯穿始终。就在这一点上，新天地与一般商业地产项目拉开了距离。

　　中国内地不少商业地产开发商往往重工程建设轻经营管理，造成一个设计理念很好的开发项目，没有发挥出应有的经济效益，没有达到价值最大化，最终只是一个刚刚达到60分及格的项目。

　　一些不成功的购物中心常常想不通，自己的商场做得那么漂亮，富丽堂皇，就是没人气，营业员比顾客多，原因在哪里？商场开业之前是卖一个梦想，开业之后就在检验你的运作水平。策划文案上写得很好，要把一个购物中心做成吸引高消费人群集聚的购物和休闲之地，但如何让高端的消费群体对一个购物中心产生归属感是一门大学问，水深得很呢。

新天地的消费归属感不是从天上掉下来的，更不是与生俱来的，是通过很辛苦的经营管理才慢慢建立起来的。初创时期，新天地的文化可识别性相当低，这个新事物大家没见过。新天地又是个不设围墙、不收门票的文化旅游景区，什么人都可以进来。初创阶段，常有一些市民推着破旧的自行车穿越新天地，漂亮的厕所也被周边的石库门居民视为公用厕所，商场的厕所不但干净、不收费，还有洗手液、卫生纸，仍在倒马桶的周边居民就来"借光"，卷筒卫生纸快速被消耗，厕所满地水迹……这些问题不及时纠正，将严重影响新天地吸引高端人群消费的目标。

新天地营运部是一支懂商业、懂经营、会公关的团队，他们对这些棘手的难题展开头脑风暴。改变旧习惯不能操之过急，不能采用阻挡、驱赶等简单粗暴的办法，而要创造出一种移风易俗、倡导新文化的办法去应对。营运部为此建立了很有针对性的"管理指引"。新天地有 15 个进出通道，每个通道要安排一至两个保安，遇到一些穿着拖鞋、赤着膊往里闯的市民，保安对初来者采取好言相劝的办法："请您回家去穿件上衣再来，我们欢迎您重新光临新天地。"打赤膊的市民一开始感到好没面子，提高嗓门强词夺理："这是中国的地方，我是中国人，凭什么不让我进去！"保安人员按照营运部"管理指引"，对初次来者允许放行，但是特别关照对方："下次一定要衣服整齐来新天地。"这样的引导和干预，做一件事不难，做一天也不难，难的是一年 365 天不厌其烦地做，有坚持，有耐心，一直做到这种现象消失。新天地高端消费群文化归属感，就是通过这些点点滴滴的细微管理逐步建立起来的。

新天地的管理办法不是照搬市场上统一格式的"物业管理规定"，而是完全来自实践的不断创新，形成独特的管理规则。

新天地的石库门成为年轻人眼中的新时尚后，一些新婚的男女青年以石库门背景拍结婚照为时髦。这一现象很快被广告公司、设计公司、婚庆公司和婚纱店看中，转为了商机。起初，这些商业机构的专业摄影师经常出没于新天地的街头巷尾，架起各种高级设备进行拍照、摄像。坐在露天咖啡座的众多外国游客成为摄影师追逐的目标，一些外国人或以背相对，或遮住面孔，甚至起身指责那些拍摄师，但收效甚微，餐厅也纷纷投诉到营运部。当时，营运部正被此事困扰，一面是租户投诉，一面是十几家婚庆公司争相登门洽谈购买场地拍摄权。这笔生意能不能做？营运部经过反复考虑和讨论后，正式回绝了所有的婚庆公司。一位来自香港的婚庆公司老板不解地责问营运部经理："我还没见过有钱不赚的公司，你是谁？你能全权代表公司表这个态吗？"营运部经理索性把道理讲透彻："我们营运部很想为公司赚这笔钱，但场地拍摄费与新天地98家租户付出的租金是远远不能相比的。我们如果贪图这笔场租费，新天地优质租户就会选择离开，我们不能因小失大，希望你们能够理解。"婚庆公司老板认同这个观点，从此再也不来了。"新天地不允许拍摄婚纱照"已被上海婚庆公司知晓和接受。

如何区分商业性拍摄与一般游客自娱自乐拍照呢？而后者新天地是允许的。营运管理规定写道：凡需要在新天地专门摄像、拍照的单位（包括新闻记者）和个人必须向营运部提出申请，经审核批准后，凭营运部提供的拍摄许可证件，可以在新天地拍照、摄像。为了维护规章制度的严肃性，营运部专门派巡查人员走街串巷监督执行。有一次，一位蓝眼睛高鼻子的外国人拍照时遭到巡查人员阻止，因为他使用了专业的摄影三脚架，而且是长时间拍摄，不是一般游客的拍照留念行为。这位外国人随保安来到营运部表示抗议："全世界的旅游景点都可以随意拍照，你们凭什么禁止拍照？"营运部经理很有礼貌地解释："新天地可以看成一个 Open Hotel，一个开放式的星级宾馆。每家宾馆都有一套管理制度，保证品质和定位，这是保护住店客人的权益，包括客人的肖像权、隐私权。你在国外旅行，住在一家五星级宾馆，他们会不会允许你拍摄客人用餐、喝咖啡的场面呢？"那位外国人恍然大悟："我懂了，新天地这个规定的理念非常好。其实我是个旅游杂志记者，过去只听说新天地有名气，通过这件事，我明白了新天地为什么会有名气，我会写出来告诉全世界。"

新天地在全国闻名后，被中国浦东干部学院列为现场教学点，全国的省长、市长和中央的部长们轮流来参观学习"城市现代化过程中如何保护历史建筑"，新天地井井有条的经营管理，引起了一些市长的浓厚兴趣。

家门口的外摆桌椅井然有序，租户们自觉让出了行人通道，谁也不会多放桌椅，这是新天地"文化治街"的结果。

　　湖南省的一位市长，用了一周时间，每天晚上到新天地蹲点，探究新天地管理的奥秘。为何新天地晚上人流如潮却不拥堵，每条通道都很畅通；弄堂里、过道上没有乱设摊、乱堆放、乱搭建，地面总是干干净净，看不见乱扔果皮、纸屑、口香糖渣；为

何新天地的墙面干干净净, 没有乱涂、乱贴、乱挂广告牌; 为何新天地的灯光装饰丰富多彩却不乱, 而且很和谐; 为何走进新天地的人着装整洁, 举止文明……这位市长一直为湖南当地有些美食街、休闲景区的脏、乱、差现象头痛, 乱设摊成为久治不愈

的顽症。

问题就出在一个"管"字上,管住一条街,管住一个集市,但没有经营、营运的概念。计划经济时代,中国是用行政管理模式在管理商业街;改革开放后,引进了市场经济,但仍然沿用行政管理模式管理商业街,管理机制不配套是深层次的原因。

其实,不是把餐厅、酒吧汇聚在一起就叫美食街,整洁有序的背后有一种文化叫"契约文明",即中国正在倡导的"法治文明"。引进市场竞争,需要同时引进契约文明,两者缺一不可,它们是一对双生子。国内许多城市的美食街、步行街和贸易集市引进了市场竞争,但没有重视契约文明,没有建立市场自治、自律机制,仍然沿用计划经济时代的行政管理机制,依赖短时"突击整治"的行政手段去治理日积月累的问题,缺乏长效管理机制,这是脏、乱、差问题久治不愈的根源。

企业家常说,10人的公司靠老板面对面管,100人的公司靠制度管,1000人的公司靠企业文化管。当公司达到一定规模,那种老板面对面、人盯人的管理方式就跟不上了,会出现老板在与不在不一样的现象。企业员工的自律和发自内心的积极性来自他的价值观,来自他对这家企业文化的认同。一个街区的管理与企业管理是同样道理,光有规章制度是远远不够的,还要精心培育街区文化。制度是文明规则,人的思维、行为方式是文化,文明需要落地成文化,大家才会自觉遵守规章制度。

依靠城管人员"突击整治"或围堵驱赶无证摊贩是另一种版本的"面对面、人盯人"的管理方法,管理模式的原始落后,造成当前集贸市场上"七八顶大盖帽管不住一顶破草帽"的奇怪现象。学术界把这一现象称之为"政府失灵"。政府失灵的根源是计划经济的传统思维仍然在起作用,不相信市场具有自发的经济均衡能力,担心市场失灵;不相信企业的自律能力,担心市场失控。这是典型的文化不自信。政府管理转型就是要用文化治理取代突击整治。

文化治街是运用古代哲人老子"无为而治"的思想,你看不见它,它却无所不在,管着每个人。只有文化习惯是无所不在的!街区正呼唤一种新的文化习惯:企业重视自己在市场上的声誉,百姓珍视个人在社会上的诚信。这就是我们通常说的城市公共空间文化。

契约文明有一条重要原则是"游戏规则"，由甲、乙两方共同协商制订，双方共同遵守，谁破坏了规则就让他"出局"。规则条款既保护双方的合法权益，又对双方的行为具有制约。企业自觉遵守规则来自内心的认同，问题出在目前传统商业街和集贸市场的"游戏规则"由行政管理部门单方面制订，事先没有与企业共同协商。规则的制订者往往按照自己的意愿行事，"闭门造车"制订管理条款，造成了"游戏规则"严重脱离市场实际情况，对企业的合法权益保护不到位，制约也不在点子上，在实际中难以操作，成为纸上空谈；规则对政府工作人员行使行政权的要求不明确，边界模糊，弹性空间大，缺少约束力，裁量权过大，造成政府工作人员在管理过程中容易犯"不作为"或"乱作为"的错误，这是一些商业街、集贸市场诚信经营难、假冒伪劣商品屡禁不止、脏乱差久治不愈的症结所在，这便是外商投资企业经常抱怨的"经营环境差"。

新天地良好有序的管理，其背后支撑的力量是"契约文明"，新天地实行的是法治化管理模式。新天地的实践再次证明，法治化管理在中国商业街区是行得通的，并且是行之有效的管理模式。

剖析新天地管理模式的成功之道，会发现新天地的营运部实质上是一个通过经营创造价值的机构，它成立于新天地创立之初。

营运部不是物业管理部，而是资产管理部，它有三项职能：资产管理、市场运作、物业管理。营运部的主管仅仅懂得物业管理是远远不够的，他必须懂得资产管理、市场推广和公共关系。

营运部对新天地的管理属于经营性质的管理，充当了营运商的角色。营运是360度的全方位管理，是面对365天展开的，其中最重要的功能简述如下：

（1）培育良好的高端消费者市场，开展整体的品牌推广宣传，组织各类市场促销活动，完全像航空公司、五星级宾馆那样细致地培育顾客市场。一个稳定的高端消费人群集聚的市场让新天地的资产不断升值成为优质资产。

（2）维护与租户的良好关系，这是维护新天地的生命！要为租户提供优质的服务，以最高的效率为租户解决困难；做好物业管理、设备的维修保养，保证新天地物理空间的整洁有序，正常运转。

（3）承担商业街区的公共事务管理职能，遵守国家的法律法规，具有企业自律能力；与政府保持良好的公共关系，获得政府各职能部门的支持。

特别值得一提的是营运部所承担的街区公共事务管理职能。目前在上海的商业街包括南京路、淮海路、四川路的街区公共事务，基本由政府负责，实行的是行政管理模式，而新天地实行的是街区自治式管理模式，新天地承担了一部分政府的公共事务管理职能。当然，这一切是在当地政府的支持下实施的，需与政府各部门配合默契。

卢湾区政府也曾设想把新天地的管理模式复制到淮海路商业街，但事实上办不到。新天地的自治式管理模式与现行的体制有矛盾，这也是全国各地休闲街区想模仿新天地，但难以复制的重要原因之一。

新天地营运部对街区纷繁复杂的日常事务分为"统一管理"和"放开"两部分："统一"的是街区公共部位，包括道路、建筑外立面等等，"放开"的是租户室内空间；"统一"的是公共事务，"放开"的是租户自己的经营。这符合中国文化的大智慧：和而不同。

新天地"统一管理"的具体内容包括：统一街区文化识别性，统一对外推广宣传，统一商铺的招牌尺寸，统一露天桌椅的范围，统一进货卸货时间，统一清运垃圾时间等等。

统一街区文化识别性是事关全局的大事。纵观国内许多地方的商业街，当前普遍存在"走千街如同走一街"的同质化问题，其原因之一是"街区文化"与"商品文化"混淆。每条商业街本来都是有个性有差异的，它是长期的历史演变、文化积淀形成的，这是商业街的文化可识别性和唯一性。但一些商铺为了让自己的商品更加醒目，在店门外或挂出大幅广告标语，或挂出巨型店招牌，或在建筑的外墙上涂上商品的文化标识（例如肯德基、麦当劳的店招广告）。倘若一条商业街没有管理规矩，任凭各家店铺各行其是，互相比拼谁的招牌大，比拼谁的霓虹灯广告更亮，其结果是覆盖并且毁坏了街区文化识别性，顾客走在商业街上分不清是哪座城市的哪条商业街。因此，商业街对街区文化要有视觉文化规划和具体的管理规则。美国"麦当劳"很夸张的红、黄两色巨幅店招牌，在中国一些城市的商业街上毫无约束，招摇于市，但在意大利米兰市大教堂商业街上，按照统一规定，做成黑底烫金字的店招牌，店招的尺寸大小也与周边店铺一样，没有丝毫特殊的优越感。

青砖墙、石库门是新天地的视觉文化特色，租赁新天地铺位的企业，必须认同和维护这个街区的文化特色，不允许餐馆酒吧把自己的商品广告做到店门外的青砖墙上，破坏街区文化。新天地招商时"先不谈租金谈石库门文化"的用意正在于此，招商已经为日后的营运管理作了铺垫和准备，不认同石库门街区文化的租户，给再多的租金，新天地也拒之门外，怕"一颗老鼠屎坏了一锅汤"。

新天地白天的视觉文化标识是青砖墙、石库门，晚间是通过灯光的规划设计来表现的，虽说石库门建筑是新天地的卖点，但它没有用灯管去勾勒老房子的屋脊房檐，没有喧宾夺主的强光照射，没有流光溢彩的张扬，而是低调的温馨和高雅，让灯光稍稍暗一点下来，人们视线中的色彩就会丰富起来。酒吧里的烛光不是用来照明的，而是营造朦胧的浪漫。

商业街的店铺进货卸货和清运垃圾是每天发生的事，有没有管理以及如何管理，其结果是大不相同的。

上海某商业街上的麦当劳餐厅，麦当劳的商品广告冲出了店门，肆意覆盖建筑外立面，破坏了街区的文化可识别性。

意大利米兰大教堂商业街上的麦当劳餐厅，麦当劳的商品标识做成黑底烫金，没有采用红黄两色，老老实实地遵守当地商会制定的规则，尊重商业街的街区文化特色。

新天地规定商铺进货和清运垃圾的时间在午夜零点之后，不允许安排在营业时段，防止产生噪音、灰尘、堵塞人行通道的现象。而国内一些传统商业街的垃圾清运由环卫局负责。由于环卫局的管理规则和人力资源安排是面向一个行政管理区的，缺少专门针对商业街的个性化安排。环卫清洁工每天两次清运垃圾，中午一次、晚上一次，中午清运垃圾正巧与人们午餐时间"撞车"，晚间清运垃圾的时间在傍晚6点到8点钟，正是休闲步行街最热闹的营业时间，这是一些休闲步行街刚建成时热闹一阵，后来渐渐丢失消费者的重要原因之一。归根结底是休闲步行街的经营方式与环卫局的管理规则不匹配所造成的。

"统一对外推广宣传"的做法在国内传统商业街是难以做到的，它涉及巨大的宣传经费由谁支付的问题。新天地的对外推广宣传经费是由各家租户交纳的，包含在物业管理的收费项目中。在传统商业街，各商铺的市场营销是各唱各的，有钱多做，没钱少做甚至不做，更多的时候是商业街的政府主管部门拿出行政经费去做街区形象宣传，有意思的是各家店铺并不领情，不愿配合。究其深层原因：商家认为这种"宣传推广"是政府思维，对市场促销是隔靴搔痒，不解决根本问题。

新天地的租户为何愿意交纳推广宣传费，让营运部去做统一的推广宣传呢？营运部的理由是：新天地有98家商铺，是联合起来大合唱还是各自吆喝独唱？独自吆喝得再响也势单力薄，淹没在市场广告的汪洋大海中。消费者都喜欢有品牌有名气的商品和服务，对他们来说，最简单的办法就是到有名气的街区去买品牌产品。"新天地"三个字给他们信心，在新天地买的东西不会错，有品位。新天地的租户们认同营运部这个观点。

"统一对外推广宣传"是个良好的运行机制，营运部收取了租户交纳的"推广宣传费"是有压力的，他们必须每周策划推广活动，吸引高端时尚人士来参加，目标是达到每天有一两万的客流量。做得少或做得不好会遭到租户的投诉；98家租户也有很大压力，新天地每天吸引来的一万多人就像一块大蛋糕，分到蛋糕的大小全看各家租户的产品和服务是否吸引消费者，否则大家交纳了同等的"宣传费"，但顾客总爱去隔壁的店铺，那就亏大了。于是，租户互相间形成了一种良性的竞争，

新天地的店招牌千姿百态,但尺寸大小都是统一的,体现了管理的细节。

最终得益当然是三方：消费者、租户、新天地。

为租户、消费者提供整洁有序的街区环境，营造优雅舒适的购物氛围是营运部每天每分每秒要面对的事务。营运部从主管到普通员工都有一个清晰的认识：直接面对顾客的是商铺租户，服务好租户就是服务好消费者。找到好租户不易，服务好租户更难，越是好租户越注重细节，对己对人都十分挑剔，比较难伺候，恰恰是难伺候的租户最受高端消费者的欢迎。

营运部把这一观念细化成工作条例。例如：

（1）营运部接到租户的报修电话，营运助理带着维修工要在7分钟内赶到事故现场。7分钟是经过测算的，其中3分钟是接电话、填写报修单的时间，4分钟是维修工接到报修单到现场的路程时间。

（2）定时定人的巡岗制度，不能坐等租户上门，要主动登门提供服务。主动发现问题，发现后当场拍照，输入电脑，留下记录，解决问题。营运助理定时检查巡岗人员的工作质量，提升巡岗人员发现问题的能力。

（3）对租户的投诉要有记录，必须及时反馈，并填写反馈处理的记录，一直追踪到问题处理完毕，租户满意为止，并建立租户投诉回访制度。

（4）主动与租户交朋友。营运部的主管、员工要具备英语沟通能力，善于与租户打交道，事事处处为租户着想。新天地的整体环境好虽然是所有租户的追求，但由于大家想法各异，若管理工作不到位，就会出现混乱场面。例如，新天地最有特色的是步行街上的露天咖啡座和露天用餐桌椅，犹如欧洲小镇的路边休闲咖啡座，租户们都希望能在街上多摆出一些露天桌椅。营运部对沿街商铺的露天座位划分了区域，但在实际营运中，总有个别租户悄悄地多摆出一两张桌子，超出规定范围。一旦有人破了规矩，其他租户就会学样，你扩张一点，他也扩张一点，这样就会挤占步行街的人行通道，造成观光客与休闲客之间的矛盾和争吵。新天地营运部采取的管理办法是露天场地不收租金，控制权抓在自己手里，哪个租户违反规定，就取消他享受免费场地的权利。新天地宁愿少收一点租金，也要维护好整体环境美。

管理就是服务，为整体利益服务就是对租户的一种爱护。

管理方式应该多元化，不靠板起面孔端起架子教训人。新天地南里的"一茶一座"餐厅的沙漏，就是一个提高服务质量的管理办法。餐厅每张桌上放着沙漏瓶，立一说明牌，大意是：本店上菜时间为 10 分钟，请顾客点菜后倒置沙漏瓶，沙子漏完第一道菜没送到，顾客可以不付钱。"一茶一座"的餐厅里听不到顾客催菜的叫喊声，每位顾客都饶有兴趣地望着沙漏，上菜慢一点的，可以免费白吃。看不见的压力传导到服务员身上，餐厅里所有的服务员、厨师都像上了发条的钟，一步赶一步，分分秒秒地抓紧时间上菜，顾客和服务员好像在玩"击鼓传花"的游戏，担心"花"落自家。就这样，餐厅里洋溢着一种欢乐的气氛，服务员奔忙着，但感觉不到疲劳，心不累。

人们任何时候走进新天地，地面永远是干干净净的。干净整洁是结果，背后是严格的管理。新天地有一整套的清洁管理制度，对地面不仅有巡回清扫次数的规定，对清扫垃圾动作也有要求，不允许扬起灰尘，不允许在顾客面前扫地。晚上清扫时，有专用的扫地照明工具，光线仅够照亮地面但不影响露天咖啡座上的顾客。地上泡泡糖残留物、可口可乐残迹，清洁工需单腿跪在地上用刷子清除，营运经理常常亲自示范给新来的清洁工看。

营运部更大的工作量还是经营新天地。曾在营运部工作过 8 年的经理夏建萍小姐深有体会，她说当年公司调她去营运部工作，是看中她具有丰富的市场推广经验和善于公关的活动能力。她所在的市场推广团队最初通过各种渠道、各种关系满世界去找各类时尚活动公司，以提供场地、赞助活动资金的办法吸引明星们来新天地做活动，吸引白领、年轻人关注新天地，喜欢新天地，常来新天地走动。一两年后，新天地有了时尚地标的名气，每天保持一万多人的高端消费人群，场地渐渐升值了，情况发生了一百八十度的大改变，宝马、法拉利跑车等推销商愿以 5 万元一天的代价租用新天地做市场推广；F1 汽车拉力赛首次来到上海时，F1 赛事公司选中新天地推广 F1 概念的场地，仅仅 5 天支付新天地 70 万元人民币的场地租赁费。

新天地渐渐被时尚产业所青睐，成为上海的时尚空间。空间是个立体概念，电脑公司、手机公司、红酒公司看中新天地的地面，广告公司则看中新天地的墙面，投资做墙体广告、电子屏广告。新天地坐收场地租赁费，成为商铺租金之外新的经济增长点。

新天地因为常有时尚活动,吸引了高端时尚消费者纷至沓来;高端消费群的频频光顾,吸引了时尚企业来做市场推广,新天地渐渐步入了市场推广活动"三个三分之一"的良性发展期,即三分之一活动是新天地自己做,三分之一是租户做,三分之一是外来企业租借场地做。

优秀的管理和经营使新天地不断优化品牌形象,提升资产价值,一个明显的标志是租金涨了十多倍。

现在商业经营上有一个误区,一说创造价值,往往首先想到是提租金,以为租金提升是资产升值的唯一指标。滥提租金的结果是逼走优质租户,高端消费群与优质租户是互相依存的,优质租户纷纷离场,商场无疑是在自杀。一个出色的营运商,不但会测算租金还会看营运成本!控制营运成本更重要,防止高租金掩盖了营运高成本。核定租金要了解每一个租户的利润情况,用其中多少来支付租金,要把租金定在合适的价位上,千万别"我是业主,我说了算"。控制营运成本也是一项真本领,一说控制成本只想到少开灯、关空调,那样反倒影响整个商场的形象,总之,关键是会不会合理运用资源。由此可见,租金提升是经营良好的结果,是业绩的表现,但并非可以人为拔高的。

一个出色的商业中心往往关注未来的市场,要为未来预留一点空间,采用低租金去吸引一些创新型设计品牌,养在那里,以适应飞速变化的市场,适应一个不断需要新产品、新服务的时代。

经营和管理没有现成的老师,老师讲的永远是过去的案例、过去的事,而市场才是真正的老师,经营者需要虚怀若谷地不断向市场请教。

经营创造价值对于商业地产开发项目如此重要,这个概念对于今天的中国城市化有何借鉴价值?

毫不夸张地说,经营创造价值理念是治疗中国式城市病的良方妙药。长期以来,我们一直认为中国式城市病的问题出在重建设、轻管理,现在看来,更为准确的表述是缺乏经营城市的理念,造成我国的城市化长期处在建与拆的交替循环之中。北京的四合院、上海的石库门、广州的骑楼街，在旧城区改造中一片片消失，变成了一座座新楼房。但是，这一片新景观是暂时的，由于我们的城市缺少经营意识和制度安排，新楼将会慢慢变成旧楼和危楼。20 世纪 80 年代建的"火柴盒"住宅楼，由于过度使用又缺少维护，现在已有了新的称呼：老旧小区、老旧房。这些老旧小区赶不上私家车发展的速度，小区停车难是第一难题。90 年代新建的高层住宅楼，才刚刚使用了十多年，电梯更新成为难题（上海现在的电梯数达到 18 万台）。居民们人人抱怨和担心电梯的安全，但谁也不愿意掏钱来更新公用电梯。大家把责任推给政府，但政府没有理由也没有资金为私人住宅楼更新电梯。于是，人们习惯地想：搬家吧，有钱再去买新房。这是当年旧城区改造时期大批市民逃离石库门养成的思维习惯。今天，许多市民面对新楼房渐渐老去，居住环境越来越差的状况，不知道如何应对，只好选择回避和逃离。那些 20 世纪八九十年代建的楼房由于人们的这种态度而真的会走向衰败，走上旧石库门命运的老路。

（左图）新天地晚间的视觉文化是温馨雅致，不是流光溢彩。
（右图）新天地白天的视觉文化是简单、明快。

为什么在欧洲许多城市、小镇100年、200年历史的建筑还在使用,还是那么漂亮,而我国有一些10年、20年房龄的住宅已经衰退成为老、旧建筑,甚至准备炸掉重建？！

在捷克共和国的首都布拉格,国家立法规定了私人住宅楼5年保养维修一次,15年大修一次。无论政府管理部门还是市民,大家对这些规则都很清楚,而且社会配套了一批房屋维修公司和银行,为居民提供维修和贷款服务。每幢建筑的保养时间一到,政府提前半年就寄来通知,居民可以挑选信誉好的房屋维修公司,一时拿不出钱的可以向银行或维修公司贷款;居民若拒不维修,政府可以把这家居民告上法庭,用司法的力量强迫执行,还要罚款。

我国的城市没有这样的制度安排,也缺少这种"治未病"的思维文化。人不能等病重了才找医生,城市亦同样道理,不能等房子破了才维修。最高明的医生不是治疗有病,而是治未病!

由此揭开了萦绕在我们心头的一个疑团,上海的石库门,尤其是地处黄金地段的石库门怎么会衰败的呢? 根本原因是它的生命机制出了问题。在"文革"极左时期,公民大量合法的私房被充公为国有,造成了市民对房屋不敢买卖,也不敢维修,房屋只用不修,用破用烂为止,长此以往,人们对房屋的爱惜之心淡漠了,养成了只用不修的不良习惯。而政府把房屋的分配和维修都扛了起来,负担非常沉重,一直扛到80年代,政府再也扛不住了,才在20世纪90年代进行了住房制度改革,依靠市场机制才解决了老百姓住房难,但没有建立起产权房拥有者的维修保养的法律制度。

虽然许多老百姓今天买了新房,但居住观念和习惯仍停留在过去。他们把商品房仅仅理解成一个物理空间、一份私人财产,并不清楚购买了产权房就意味着承担起房屋的经营维修责任。老百姓习惯于依赖政府,指望政府继续扛着房屋维修保养的责任。一些居民享受着物业服务,却不愿意支付物业管理费,更不愿为整栋大楼的小修大修支付应该承担的费用,他们宁愿花更多的钱,甚至用一辈子的积蓄再去买一套新房,抛弃旧房子。

我国的城市化需要转型发展,转型就是从"建"与"拆"轮回交替的怪圈走出来,而且需要文明和文化的同时转型。

文明是指千百万人共同遵守的规则。已执行了二十余年的购买商品房交纳一笔房屋维修基金的规则，已暴露出许多弊病，被无数事实和历史证明是没有能力承担起房屋大修、电梯更新的，是不可持续的。我国需要建立产权房拥有者的维修保养的法律制度，建立居民区自治、政府制订规则、司法机关执法的新规则。

而文化转型是指千百万人的思维习惯、行为方式的转变。政府部门需要改变过去"替民作主"、承担无限责任的传统思维习惯，建立有限责任但管理精细化的新文化；老百姓需要改变一味依赖政府、逃避个人责任的传统思维习惯，学会自己对自己的产权房负责，建立自治、自律的新文化。

我国城市化刚起步时的思维方式可形象地比喻为"猫"论：不管白猫黑猫，逮住老鼠就是好猫。我们已经学了"猫上树"，那是只学了一半，还要学"猫下树"。我国城市化不但要会建设城市，还有会经营和管理城市。

"天地"模式的解读与思考

我们重新构建城市，

城市也重新塑造我们，

城市每一次回归原点都是又一次新的出发。

“天地”
本是新模式

人工湖还原了太平桥地区文脉之根——水环境。

上海新天地在短短几年间创造了一个与百年外滩一样有影响的品牌,不能不说它是个奇迹,人们很想知道支撑这一奇迹的巨大能量来自何方。

房地产界的同行们诧异的是,新天地项目占地 3 公顷,建筑面积 6 万平方米,投资额达到 14 亿,仅依靠收租金,大约需要 27 年才能收回投资。这是个不理想的投资项目,甚至是赔本的买卖,罗康瑞是疯了还是一种商业模式的创新?

拉开帷幕才发现,新天地是一个庞大的名曰"太平桥城市综合体"的一部分,新天地用地面积只占太平桥旧区重建范围的 6%,这个占地 52 公顷、建筑面积 130 万平方米的城市综合体,被业界称之为"新天地板块"或"天地"项目。瑞安公司曾建议卢湾区政府把太平桥地区改名为"新天地",区政府从历史文脉传承的角度考虑,认为这片城区只剩下"太平桥"地名的根了,一旦更名,后人将会彻底遗忘这片城区原是水乡的历史根源,造成城市文脉断层。所以,这个城市综合体一直沿用"太平桥"地名。

单个的新天地是难以自撑局面的,瑞安公司有能量长期持有新天地,全仗这个庞大的城市综合体自身具备的良好投资回报能力。新天地与城市综合体又是什么关系呢?

从投资的角度看,开发商并不指望从新天地项目本身获得投资回报,而是通过新天地来提升整个区域的环境品质,提升土地价值,从而获得巨额的投资回报。新天地是一种商业模式的创新,美国 S.O.M 公司的规划师为它起了好听的名字——"精明增长"模式。

政府和建筑学家大多从城市现代化与保护历史文化的角度看新天地,认为新天地开创了一条现代手法保护历史建筑的道路。恰恰在这一点上,新天地的开发性保护方式在起步初期备受争议。整个太平桥旧区原有的 23 个石库门街坊的大部分老房子将在重建中被拆除,就上海新天地本身而言,被改造的两个石库门街坊也将拆除一半的老房子,若论"保护石库门"似乎说不通,还因此常常遭受建筑学家中的石库门"卫士"的批评,但却在政府和房地产业界备受推崇,为何会有两种截然相反的看法?

同济大学建筑系沙永杰教授评论:太平桥重建项目的城市设计理念与通常的房地产开发思路有着本质的区别,更像从城市发展的全局来思考一个城市区域的开发问题,并走在城市发展阶段的前沿。

在这里需要回顾一下上海近 20 年的城市发展史,才能看清什么是发展阶段的前沿。

1990 年开始,浦东新城区在农田上城市化、工业化,规划了金融贸易产业区、出口加工产业区、高科技产业区和花木生活区、商业区等等,用高速公路把各功能区连接起来。这种美国式的城市发展方式被视为现代化。金融贸易区、高科技园区每天早上均有数十万员工坐车进入园区,晚上又纷纷开车离开园区,出现了一早一晚潮汐式堵车,汽车尾气成为城市上空 PM 2.5 的来源之一。浦东新城区的城市病渐渐显露。

与浦东一江之隔的浦西属于再城市化,也是从开拓道路开始的,政府投资修建了东西向的延安高架公路,南北向的成都路高架公路以及绕城两圈的内环、外环线公路,被市民称为"大饼上画个十字",建筑学家称其为"申"字——上海的简称。圆形的圈一环又一环地围绕着一个中心点,过去是城市公共权力的中心,现在是 CBD 中央商务区。交通环实质在圈地,扯大城市框架,这是中国城市化最流行的做法——摊大饼。

城市中心点的地价最贵,是中央商务区的所在地,住宅区在环线外圈。普通老百姓的感受是,买的房离办公地越来越远,上班越来越辛苦。

这种城市开发的模式是有其来源的。

学术界称,这种模式最早是由法国设计师提出来的,除了保留圣母院、卢浮宫等,其他老房子都拆除,建设高楼,用交叉高架道路连接城区。这个城市规划构想没有被法国人采纳,结果在美国的许多城市开花结果。

美国在 20 世纪 40 至 60 年代的城市化过程中实践了这一规划思想,称之"现代城市主义"。他们这一时期所犯的普遍错误是铲除旧城区,用以解决城市脏乱差的问题;城市功能分区,把高速公路开进城里。城市向郊区蔓延,中心城区普遍衰退。

20 世纪 60 年代简·雅各布斯出版的《美国大城市的生与死》一书深刻批判了当时美国大规模的城市更新运动所犯的错误。1962 年,美国海洋生物学家蕾切尔·卡逊出版的《寂静的春天》第一次让美国人认识到环境污染就在自己身边,杀虫剂、空气雾霾正在可怕地威胁着每个人的生命。1973 年的石油危机让美国人知道石油资源并非取之不竭,高度依赖私人汽车的城市生活是不可持续的。美国人这才觉醒,开始转型,搞了新城市主义。

新城市主义的实质是向欧洲小城镇学习,向老城市回归,提倡步行和城市功能复合,以及对城市的分享。新城市主义的代表人物彼得·考尔索普(Peter Calthorpe)有一个著名的观点。他指出,解决城市空气污染,主要依靠科学合理的城市规划,而不是太阳能板和风力发电机的推广和运用。"不合理的城市规划完全可能迅速而彻底地吞噬技术进步的成果",而此时美国的城市化进程基本完成了,整个国家维持这种城市模式所持续付出的代价是极其昂贵的。换句话说,汽车主导的城市模式是不可持续发展的。美国城市后来用了二十多年时间才慢慢地改正过来。

1978 年之后,中国实行改革开放的国策。改革是改变自己,启动市场;开放是向发达国家的先进城市学习。中国各地派出了许多考察团,法国巴黎的景观大道、美国曼哈顿的高楼大厦、华盛顿中心纪念性绿化带和中心广场等城市景色,给参观者留下了深刻印象,这些印象带回国内,它们成为中国城市化临摹的样板。

上海的政府和广大市民对旧城区改造的普遍认知是"功能分区"。在旧城区，市民的吃饭、睡觉、学习，乃至煮饭、用厕是在同一个空间完成的，这个空间面积可怜到只有十多个平方米，可谓各功能区不合理混合。现代家庭生活品质的提升表现在"功能分区"：会客有客厅，吃饭有餐厅，睡觉有卧室，学习有书房，煮饭、用厕有厨房、卫生间，"三房二厅"成为市民心目中的居住现代化。

"功能分区"的理念放大到一座城市，现代化表现为生产区、商业区、居住区三分离，各功能区之间用高速公路连接起来。汽车工业和城市基础设施投资成为上海 GDP 增长的两大动力，汽车和高速公路是城市扩张性发展的魔力推手，道路修到哪，如同一个城区框架搭到哪，框架内填充商业、办公、住宅和文化项目，城市就蔓延到哪了。功能分区模式可以迅速改变城市的落后面貌，呈现出现代化城市景观。上海的城市化方式成为全国的样板，成为中国城市化的主流模式。

但是，这种主流城市化模式发展到 2012 年显现出它的弊端，城市潮汐式堵车，"伦敦之雾"出现在上海城市的上空，堵车、雾霾、高楼、高房价、生活节奏过快，让市民的心态变得焦虑、急躁，对事对人缺少一颗平常心。

太平桥旧区重建规划定稿于 1996 年，其规划思想源于美国的新城市主义：主张步行优先，公共交通便捷，城市各功能区合理混合。而 1996 年正是现代城市主义的发展模式开始在上海盛行的历史阶段。从这一点看，太平桥旧区重建的规划思想走在了上海城市化发展阶段的前沿。

太平桥旧区重建规划是一个提升城市能级和优化城区空间结构的大型开发项目，"精明增长"的城市模式是一个"城市社区"的概念。城市社区内部实行办公、居住、购物、休闲、文化等各个功能区合理混合，与外界的沟通可以通过地铁 1 号线、8 号线、10 号线等快速地下轨道交通完成。也许，整个开发项目完成后，城区内部的道路将铺设减速板，有意识阻止汽车快速通行，方便行人在街上步行。

剖析一下"精明增长"模式的空间结构，它有五大功能区：

（1）公共环境区：一个占地 4 公顷的人工湖成为 52 公顷旧区重建项目的中心，承担城区公共空间功能，人工湖绿地提升了这片城区的环境品质。

总平面图

瑞安广场　　企业天地办公楼　　人工湖

郎廷酒店

新天地北里

新天地南里

翠湖天地
住宅区

规划中的国际学校

北

规划中的
白玉兰大厦

规划中的
古玩市场

0 20 50　100　　　　　　200M

太平桥旧区重建规划图。

　　(2)商务功能区:沿着湖滨路排列6栋商务楼,建筑南面临湖,北靠淮海公园,
一幢超高层的办公楼直插云天,大楼的外形塑造成上海市花"白玉兰"状,商务楼
的招租定位是跨国公司总部型企业。

　　(3)商业文化功能区:沿西藏路一线建设4个剧院组合的剧院群,延续太平桥
地区在20世纪30年代多剧场、电影院的历史文脉。剧院与商业区融合在一起,迎
合国内外专业人才喜欢的生活需要。

　　(4)历史文化保护区:中共一大会址所在的街坊和相邻的地块作为历史文化保
护区,安排了与党史纪念地不冲突的休闲时尚地标"新天地"。

　　(5)住宅功能区:6个历史街坊改造成组团式高品质住宅区,每个住宅小区内
设有高级会所。一个国际学校坐落其间,教学模式与国际接轨,方便外籍人士的孩

子教育。周边有曙光医院、瑞金医院分院，方便居民就医保健，这是吸引国际人才的重要因素。

五大功能区需要功能合理混合，"混合"就是在不同功能的建筑之间建立起积极的关系，奥妙全在"合理"二字。

"合理"才能表达以人为本的城市规划设计理念。现代人的生活方式讲究效率，珍惜时间的办法就是善于用时间换空间，空间换时间，工作区与生活区要近。生活是工作的延伸，回家休息是明天更好工作的加油站；逛街、看戏、喝咖啡丰富了生活，看似挣钱与花钱的体验过程，其实也是与他人沟通交流获取信息的过程。现代人的生活方式要求工作区与生活区有积极的关系，各功能区之间是"你中有我，我中有你"的合理混合。S.O.M公司设计师巧用了人工湖，有水的地方便有灵气，水是实现良性互动关系最好的表现要素，用人工湖作为四大功能区之间的间隔，使各功能区适当分隔又密切相连，形成一个有机的整体。

城市功能区合理混合，减少了人们日常的通勤量，节约了时间成本、金钱成本，让人有了空闲时间去做文化，才有了更多的文化创意，这是城市的"精明增长"方式。太平桥社区优良的生态环境和便利的生活环境吸引了跨国公司地区总部入驻，诸如全球四大会计师事务所之首的普华永道公司以及美国迪士尼公司、日本索尼公司等等，这些企业服务上海、长江三角洲、全中国及至亚太地区的工业、贸易和金融业，体现了中心城市的服务功能和辐射功能。这些跨国公司给当地政府带来大量的税收。"企业天地"一座7万多平方米的办公楼，每年缴纳的税竟达到23亿人民币，比同在淮海路上的办公楼高出五六倍。

"精明增长"模式对改善旧城区的城市结构十分显著，太平桥不再是依附淮海中路商业街的一片居住区，而是形成了一个独立的城市社区，这个综合功能的社区成为一个新的城市地标。

学习西方国家的城市发展方式，除了经验之外，也许更需要向他们学习城市化的教训。

上海的城市化受美国"现代城市主义"规划思想影响相当大。在现代服务业集

太平桥城市社区的办公区和生活区，巧妙地用人工湖相连，环湖一周的湖滨路供人们散步、行走。

聚区，园区内仅仅规划办公楼，不安排生活需要的购物、餐饮、住宅、学校、医院。 在生活方面，则规划建设了一些新型居住区，例如上海某某区的英式小镇、某某区的德式小镇。这些单一功能的大型住宅区，没有产业支撑，没有就业机会，只有宽敞的道路，绿化隔离带，漂亮壮观的广场，没有方便的菜市场，没有好的中、小学校及好的医院、好的剧院、好的餐馆酒店、好的休闲娱乐设施。房屋早已出售一空，但谁也不去住，显得空空荡荡没有人气。那些漂亮的欧洲建筑住宅区像个巨型的建筑博物馆，是供人参观的，不是给人用的。这样的城区往往成为"空城"或"睡城"，大量的资源被空置浪费。

新天地的设计师本杰明·伍德曾直言批评道: 谁会喜欢这样的分隔? 花园只是好看，里面没有商店，没有饭店，没有喝啤酒的地方，只有"禁止破坏绿化"的警示牌。

人们希望走出家门就可以买到新鲜的面包、牛奶,穿过马路便能买到鸡蛋、肉食、新鲜蔬菜,改造旧城区时为什么要抛弃这一切呢?走出高楼,买不到面包,没有地方理发,全搬走了,只剩下花园,为什么要这样呢?我们需要美观,更需要生活呀!

"现代城市主义"的城市,工作区和生活区像两个点。白天,生活区是空着的;晚上,工作区是空着的,人们每天就是不停地在两个点之间往返,永远闲不住的是马路。因此,上海的马路是空气污染的重灾区。

"天地"模式的理念相当超前,但在上海和全国各地长期处在非主流的地位。汽车主导、功能分区的现代主义城市模式依然占据我国城市化的主流地位。究其原因,"天地"模式有利于提升城市品质,有利于人们通过步行方式完成工作、生活等各类活动,有利城市的环境保护,但不利于汽车工业发展,不利于城市 GDP 每年的高指标,因而无法成为主流城市化模式。"天地"模式也难以在房地产业界推广,原因是这种模式属于长线投资,无法快速回笼资金,提高企业的资金周转率。瑞安

白领们是工作交流还是休闲晚餐?生活、工作常跨界。

公司在武汉、重庆、佛山等城市的每一个"天地"项目都是不一样的，因为每个城市的历史文化是有差异的。武汉的历史民居建筑是"里份"，重庆的民居文化建筑是"吊脚楼"，佛山的民居文化建筑是"锅耳墙"。所以，每个城市的"天地"项目无法复制，需要重新设计，时间成本相当高。"天地"模式是一种无法通过复制方式快速赚钱的商业模式。因此，在房地产业界，瑞安公司被称为有社会责任感的企业，罗康瑞先生被公认为是有理想的企业家。

瑞安公司的项目规划和发展总监陈建邦先生曾在《时代》杂志上发表过一篇文章，用诗一般的语言描述了瑞安人的理想："在上海、重庆、武汉、大连、佛山这些城市，可持续发展是否同样可行呢？如果可以走着去附近上班，去购物，去公园，去学校，去餐厅，我们难道不是在享受更为丰富多样的生活方式吗？如果我们的孩子和父母能够安全便捷地通过马路，如果街道两侧有着美丽成排的行道树并散布漂亮的小店或咖啡馆，我们难道不愿意更多地享受室外吗？在街上漫步时与朋友不期而遇，难道不是一种惊喜吗？如果以上能够实现，我们对正在污染着我们环境的汽车的依赖难道不会大大减少？如果这些地方都仍能保持不被污染，树木依然苗壮成长，树叶依然碧绿无尘，空气依然纯净清新；在家里，我们还能听到鸟儿鸣唱，能看到附近公园里的树木葱葱；郊外的土地不再被高速公路大量占用，而是能够保留下来让大家在周末时去放松嬉戏，所有这些难道不是可持续发展吗？"

陈建邦先生在加盟瑞安公司之前，曾在美国纽约市规划局任职，专门从事纠正城市规划错误的工作，他对美国城市化中的教训有着深刻的认知和体会。

城市化初级阶段，主要通过量的扩张来发展城市，当城市化进入高级发展阶段，城市品质成为追求目标。到那时，"天地"模式才有可能成为主流城市化模式。

二

城市生命的
重构

太平桥旧区重建规划（以下简称"太平桥规划"）走在上海城市化发展阶段的前沿，至少超前了 30 年。若从 1996 年算起，到了 2026 年，这个旧区重建项目可能仍然处于领先地位。它的先进性至少在三方面预示了 2026 年上海城市空间的新特征，揭示了当下城市转型发展的方向。

其一是尊重城市历史，并把城市历史文化资源作为城市建设的重要资源。

其二是高密度路网、小尺度街坊，方便市民步行和骑车。

其三是重视城市公共空间建设，重视培育城市公共文化。

这三个方面体现了城市的品质，核心是尊重城市的生命结构，敬畏城市的生长规律。"规律"正是古代哲人老子讲的"道"。

前二十余年，汽车、高楼、高速公路和城市扩张一直是上海城市化的路线图。2010 年的资料统计，上海的高楼数量已达到 17000 幢，是日本东京的 3.5 倍。但事实是，上海的高楼数量虽然超越了东京，但并没有取代东京在亚洲的经济领先地位。上海《福卡分析》提供的资料表明，东京人口密度在 2011 年为 14440 人／平方公里，上海为 14827 人／平方公里，两者相差不了多少，但东京人均 GDP 为 72000 美元，上海为 13000 美元，东京是上海的 5.4 倍。再比较城市土地的地均价值，东京每平方公里 GDP 产出为 10.42 亿美元，上海只有 1.88 亿美元，东京是上海的 5.5 倍。尽管上海房价已超东京，但在经济发展、生活宜居、环境治理、交通管理水平、社会保障等方面，与东京几乎不可同日而语。社会科学院研究表明，中国城市"摊大饼"式扩张的结果，使城市边际效益迅速衰减，意味着中国城市将不得不进入扩张转向收敛的拐点期，上海将一马当先地顺应国际城市规划和开发中普遍倡导的"精明增长"原则和标准，更多地从内涵角度去重塑城市形态。

扩张转向收敛，"广种薄收"转向"深耕细作"将成为上海城市转型发展的新路线图，上海将进入到追求城市品质的新阶段。上海在土地资源日益缺乏的今天，提升城市品质的资源在哪里？

同济大学沙永杰教授在《中国城市的新天地》一书中写道：关于城市资源，我们应当把自然和历史赋予城市的遗产看作最重要的竞争力储备，这也是未来城市品质和吸引力的源泉。

上海前二十余年的城市化，开发商们普遍重视城市土地资源，轻视城市历史文化资源，甚至在开发土地资源过程中，有意无意地毁坏了上海的城市历史文化资源。

"太平桥规划"是把城市历史资源、自然资源和文化资源作为城区更新的重要资源加以利用。瑞安不认同"商业价值与文化价值不能共存"的观点，认为城市历史文化资源的价值包含着商业价值，但需要城市规划师具有发现的眼光，寻找一条合理的、既能保护又能充分利用的途径，将城市历史文化资源的价值转化为商业竞争力。

"太平桥规划"在空间布局上延续了原先的城市空间特色和城市肌理，形成了传统城市街道氛围的延续，本质上是城市文脉的延续。太平桥地区的城市肌理特点源于1914年法租界的规划设计思想，法国是欧洲最早具有先进的城市规划理念的国家之一。法租界在这片水网田野上的初次城市化，采取了"填河筑路"的方式形成城市框架，让开发商在框架内填充住宅、商店和文化设施等。河道的走向是不规则的，所以太平桥城区的一些马路走向也是不规则的。其实，不规则也是一种美，一种天然生态的美！这种美反倒成就了城区多样性的品质，避免了今天中国常见的城市化"统一规格"的弊病。"填河筑路"无形之中为今天的人们留下了这片城市区域的文化之根。

上海是冲积平原，曲曲折折的河道是水流冲刷出来的，是大自然的时光之"刀"慢慢雕琢出来的。一方水土养一方人，这片土地孕育出了独特的海派文化。今天，太平桥区域内的西藏路、成都路、复兴路、太仓路、黄陂路、自忠路等等，在第一次城市化之前都是弯弯曲曲的河道，纵横交错如网格，它们是城市之"树"的盘根错节的"根须"。

太平桥地区在20世纪初城市化后，失去了江南水乡的自然资源，只见房子不见水面了。旧区重建时，规划师从这一地区的历史记忆中摘取了"江南水乡"的文化资源，规划设计了一个大型的人工湖公园，让这片地区重新见到水面，用以提升城市品质。但是，建人工湖的目的不仅仅是恢复历史文化记忆，而是城区功能的新发展。人工湖的新功能是城市公共空间，用于培育和承载城市公共文化。

法租界1914年对太平桥地区的城市功能定位是居住型社区，开发建造了23个石库门街坊，一个大型的室内菜市场是这片社区的中心，在之后几十年的演变中，菜市场周围渐渐汇聚起各类店铺。小街纵横交错，街的两侧是相连的两层市房，楼上住家，底层开店，有米号、酱园、茶庄、煤球店、南北货、杂货铺以及茶楼、菜馆、酒店、浴室等，形成了远近闻名的太平桥风味小吃街。离小吃街不远有戏院、电影院、评弹书场、学校、医院、百货商店等等。老城区看上去有些衰败、凌乱，但是生活所必需的各种功能设施是不缺乏的。老城区的城市空间如同一只巨大的酒杯，承载着独特的历史文化之"酒"，构成了一件很有欣赏价值的城市艺术品。它是城市之树的历史年轮，更是城区重建时绝不可忽视的城市文化资源。

太平桥旧区重建规划对城区的功能进行了重新定位，"企业天地"办公楼聚集区是城区功能的新发展，大型住宅区"翠湖天地"延续了历史上的居住功能，新天地步行休闲街是延续了太平桥风味小吃街的历史记忆，而规划中的商业中心和剧院群是延续了20世纪下半叶该地区商业聚集、剧场电影院扎堆的历史记忆。

太平桥菜市场已在旧区改造中被拆除。此旧照是上世纪八九十年代菜市场周边的小街商铺。两层楼房，楼上住家，楼下开店，每日早市商贩云集，行人熙攘。此景已成为城市文化记忆。

由此可见，在城市更新过程中，把城市历史文化和自然资源作为重要的资源来对待，不只是尊重历史，也是一种精明的商业思维。上海提出转型发展，意味着城市发展战略重点的转变。前工业时代的城市竞争力表现在吸引企业的能力，即当下中国各地政府的"招商引资"。后工业时代则大为不同，人变得重要起来，企业依赖人才，追着人才走，所以，当今西方发达国家的城市发展战略是吸引人才、留住人才，特别重视城市的宜居性，让素质最好的人选择留下来生活。中国城市化普遍的"摊大饼"模式，导致了城市功能混乱，人口无序，交通和环境拥堵，几乎所有的城市都出现了"大城市病"。一个有"病"的城市是很难吸引并留住世界上高素质的人才群体的。

　　工业高度发达的上海，未来的城市发展将步入后工业时代，发展战略也将从"招商引资"转向"吸引人才"。一个能吸引人才的城市，其城市空间必定是顾及人的需求、人的感受，不仅满足人的工作需求，还要满足生活需求、精神需求，而不是一味满足汽车的需求，满足城市政府 GDP 的需求。如果说，上海过去吸引高素质人才依靠高薪、高职位和高级公寓，而未来是依靠城市品质。

　　什么是城市品质？

　　简·雅各布斯在她的《美国大城市的死与生》一书中揭示了城市最重要的品质是它的多样性，她认为多样性的产生需要四个条件：一是城市主要功能要混合，二是多数路段要短，三是要有适当比例的老建筑，四是人流密度要足够高。

　　简·雅各布斯又说，大规模的改造运动，正是城市多样性的天敌。

　　曾经为美国硅谷做过建筑设计的 S.O.M 公司城市规划师认为："精明增长"的城市，其空间特点是高密度路网，小尺度街坊，方便市民步行。创新型城市需要减少人与人之间沟通的成本，降低人们获取知识和产生新想法的成本。S.O.M 公司的规划师还说，他们在长期的工作实践中发现一个有兴趣的现象：聪明的人脑与"聪明"的城区有着相似的规律。他们拿出伦敦、纽约、旧金山和上海的四张航拍照片进行对比，旧金山、伦敦、纽约的城区空间紧凑，成小块状，上海的浦东新区和一些老城区空间松弛，成大块状；伦敦的街道几十米就有一个交叉十字路口，而上海新城区是几百米才有一个交叉十字路口。世界银行发表的资料显示，巴黎每平方公里有

改造后的太平桥人工湖绿地与保留的石库门建筑（黄陂南路、兴业路口）和谐相处，这些从旧肌体蜕变出来的老房子承载起当代生活，具有新的活力又有鲜明的个性。

（左上图）旧金山的城市空间尺度。
（左下图）纽约的城市空间尺度。

（右上图）伦敦的城市空间尺度。
（右下图）上海创智天地的城区空间尺度。

133 个十字路口，上海浦东新区是 17 个十字路口，北京新建城区只有 14 个。大块状的城区空间，不方便人与人之间交流，却方便汽车快速通行。设计师进一步说：人的聪明程度差异不是头颅的大小，而在于人的大脑皮层褶皱的密度，聪明人的大脑皮层褶皱很密，不聪明人的大脑皮层褶皱较疏。我们发现城市亦如此，智慧型的城市，其空间结构的特点是以人为本，方便人交往。

如果说，前工业时代的城市空间特征是方便汽车，那么后工业时代的城市空间特征将是方便人步行，方便人互相交往。

太平桥地区重建时延续了从前的城市肌理，既是传承历史文化，也是城区新发展，跨越了前工业时代的城市空间特征，迎合了后工业时代的城市特征。高密度路网和小尺度街坊的空间结构迫使汽车减速行驶，开起来有点别扭，但方便了人们能够安全便捷地通过马路，去附近上班上学，去购物娱乐，享受生活，享受工作。

上海城市转型发展的另一个重大课题是"人"的城市化，即人们思维习惯和行为方式的城市化。"人"的城市化，有一个最重要的指标是城市公共文化水平程度，公共文化的核心是"顾及他人"，是"我为人人，人人为我"，反映了一座城市的文明程度。"中国大妈舞"噪音扰民的矛盾、公共场所互不礼让等等不文明行为，都属于公共文化缺失，同时也反映了城市公共空间的缺失。城市公共文化是需要载体的，它的载体是城市公共空间。上海与全国一样，前二十余年的城市化比较重视市民的居住环境改善和商业建设，见缝插针地建住宅和商场，忽视了城市公共空间建设，没有为城市的未来发展预留空间。当市民对健康和文化需求日益增长，城区已没有土地建设公共活动空间了。中国大妈们找不到合适的场地跳健康舞，只好舞进了住宅小区，舞进了地铁通道。

太平桥旧区重建项目的亮点之一是城市公共空间做得好，常常得到国内外专家的好评。

人工湖公园是太平桥地区最大的城市公共空间，新天地也是城市公共空间，是培养城市公共文化的场所，甚至在住宅小区的规划设计中也能看见公共空间的概念。

走进太平桥新城区的"翠湖一期"住宅小区，人们发现每幢楼的底层全部挑空，腾出空间做了社区公共活动场地。这些空间的四周墙面、隔断都是清水砖砌的，每幢楼的入口都是石库门门头，还有当年的水井台，大有石库门弄堂的怀旧感，还有一些桌子、板凳供居民在底楼的绿荫边纳凉或晒太阳，延续石库门弄堂的念想与记忆。住宅小区既有传承也有发展，增加了现代的儿童乐园、地下健身房，怀旧文化与外来

（左图）"翠湖一期"住宅楼一个重要设计思想是城市灰空间。底层留出大片空间建了社区公共活动场地，而不是多建一些房子去卖钱。青砖墙面既洋溢着老弄堂"熟人社会"的文化记忆，又在培育相互沟通、相互照应的社区潜规则，鲜明的文化特征令居民们对这样的社区产生好感，产生文化归属感。

（右图）"翠湖天地"住宅小区的每幢楼房的入口特别建了石库门牌坊，建了水井台，它们具有文化记忆的功能，传承石库门弄堂的历史文化。

文化并存，表达的是一种人文关怀。小区居民们经常自发组织各类兴趣活动，鼓励居民使用公共活动空间，营造社区的"熟人文化"，现代住宅楼完全可以把人情味重新捡回来。

"翠湖一期"也是本杰明·伍德的作品，它不仅体现了这位美国建筑师对石库门文化的认知深度，也是他一贯的设计思想：必须尊重城市的遗产和过去。一座城市的未来，是其过去的合乎逻辑的延伸。

上海在旧城区重建过程中，过于关注解决旧石库门弄堂的一大缺陷：私密性差，个人隐私难以得到尊重。现代住宅设计虽然解决了私密性问题，但走过了头，做成一个个封闭的私人空间。一些高档住宅小区的电梯设计，居民只能到达自家门口，阻隔了邻里间的互相往来。城市公共文化恰恰是人们在相互交往中慢慢形成的，学会求同存异，学会相互礼让。一些新建住宅楼把石库门邻里相濡以沫的传统文化全都抛弃了，生活社区的定义蜕变为一个物理居住的空间，割断了与心灵层面的联系，邻里永远是陌生人，在一起住了几年不知邻居姓什么，每天早上见面也不打招呼，形同路人，家有难处也得不到邻居的援助。现代居民楼虽然漂亮舒适，承载的却是"陌生人社会"，居民们互相戒备，依赖钢门铁窗防贼保安全，市民普遍感觉屋子越来越大，幸福感越来越低。

我们一些政府部门和开发商一直没有意识到，他们在拆除石库门时也拆掉了一个"熟人社会"，拆掉了一个百年形成的社区文化。早先，石库门人家的门永远是开着的，防贼不靠铁窗钢门，靠的是熟人社会、社区文化，陌生人一进弄堂马上会受到弄堂阿婆的热情指路和盘问，社区文化是一道看不见的防线，这道防线正是城市公共文化。

"造城运动"建起来的城市只有一大堆漂亮的建筑，缺少城市文明，甚至更像农村（农业文明）。当你走进一座城市，如何判断它是真正意义上的城市而不是伪城市，关键是看城市公共空间。若一座城市最好的建筑是私人住宅和政府大楼，而城市公共空间如体育场、剧场、图书馆、博物馆、公园，皆是高墙、栅栏包围着，那就意味着这座城市的空间结构主要由公共权利空间和私人空间构成，那是典型的农业社会的空间结构，那是伪城市，与这种空间结构相匹配的是自给自足的小生产文明，承载的文化必定是只顾自己，不顾他人的。

我们塑造了城市，城市也塑造了我们。我们的城市设计需要寻找"回家"的路，回归原点，重新出发。

上海的城市发展战略目标是在 2025 年建成国际经济中心城市，国际经济中心城市也应该是国际文化中心城市，到那时，我们的城市可能很有钱，但拿什么文化去赢得世界的尊敬呢？是美国曼哈顿形象，还是法国香榭丽舍大道形象？我们自己的文化去了哪里？

我们需要重新思考城市复兴的方式，避免上海的个性和特色被外来的强势文化完全同化了。站在街上环顾四周，你无法辨认自己在哪里，满眼都是美国和欧洲城市景观的临摹，缺少象征上海的东西，象征中国的东西。

2025 年不是 1990 年。1990 年的上海，市民人均居住面积不足 3 平方米，市区的高楼大厦屈指可数，城市处在市民解决温饱、解决住房难的初级阶段，而今天，我们已经走过了追求住宅数量和商业数量的历史阶段，据 2014 年的统计，上海户籍人均居住面积已经达到 30 平方米以上,上海市民的人均商业面积超过了欧洲国家,上海的高楼拥有量已远远超过欧美任何一个发达国家的城市。上海现在缺的是城市品质,缺的是城市个性,缺的是中华文化表达。

我们对"旧貌换新颜"的解读比 1990 年深刻了许多,"新颜"应该是城市建筑的多样性,而不是清一色的摩天大楼。

量变积累历史,质变改变历史。历史转折点的到来往往是不易觉察的,上海已进入一个历史转折期,我们大家都站到了一个新的历史起点上,那是一个完全不同于 1990 年的历史性选择,那是一座新的里程碑。

结束是真正的开始。

我们重新构建城市,城市也重新塑造我们。

城市每一次回归原点都是新的出发。

上海的城市"回家"之路渐行渐明。

太平桥地区体现了紧凑型城市的要求。一座座高楼好似城市交响乐中的高音部，而石库门新天地好似低音大提琴，它是城市公共空间活动区域。

原版后记

新天地的创造过程就是一部历史，此书可以说是新天地的史记。

"回归原点，重新出发"是贯穿全书的一根红线。

追溯此书的源头，其实是一篇上海新天地的解说词，是说给参观考察团听的，说给新闻媒体听的。一千多字的解说词是瑞安在 2000 年对新天地的认知，那时很想再多说一点，但写不出来。人，最难的是看到自己，就像看到别人那样看到自己。感谢那些参观考察团，他们的城市化实践像一面镜子，让我在看到别人的同时也看到了自己，知道新天地到底好在哪里。

学习是双向的，作用力与反作用力永远相等。

参观者中有省长、市长、企业家、银行家，也有专家、教授、学者、明星、文化人，他们有各式各样的问题，与实践者、智者的对话，可以引发人的思考、再思考，这篇解说词也就不断地延伸、细分、扩张，后来成为内容丰富的推广宣传稿。2003 年之后，我被邀请到上海交通大学、复旦大学、同济大学三所大学的"城市化"领导干部培训班、商业地产业领袖班去介绍新天地，讲义形成了书稿的雏形。

我没有建筑专业背景，也没有经商的背景。也许，正因为没有专业背景，我看到的东西与专业人士有所不同，换个视角看新天地，或许有一些不一样的看法。我后来发现，给别人讲课也是一种学习，一种可以激发思考的学习。不少政府官员和企业领导对保护城市历史文化建筑的大道理似乎都很清楚，但是一到实际操作层面就很模糊。因此，我萌发了一个新想法，把新天地案例写成一本书，在更大的平台上传播新天地的理念与实际操作方式，也许，这对我国的城市化、对上海的城市转型、对瑞安公司的企业文化传承都是一件有意义有价值的事。

近十年来，曾有不少媒体人试图为新天地写书立传，但一直没有修成正果，可见其难度之高。现在，老弄堂改造的田子坊和老洋房改造的思南公馆都有人写了书，但新天地至今没有。同济大学沙永杰教授在 2010 年出版了《中国城市的新天地》一书，主要是讲城市设计和"天地"社区模式，不是专门分析和解读新天地的，我这本书就算补了一个缺吧，这是上海再城市化实践的一段难忘的文化记忆。

此书断断续续写了三年，直到 2013 年夏天，我退休了，紧迫感就更加强烈了。

因为我看见公司的新同事越来越多，他们不清楚新天地是什么，新天地对他们也是个谜。长期以来，新天地为何迅速获得成功，社会上有各种说法，学术界也有不同看法，但是缺少系统性的分析研究。

不知道自己是谁，不知道自己从哪里来，也就不知道自己要往哪里去！时常看到我的新同事们纠结于新天地的发展应该朝奢侈生活方向走，还是走文化取胜的路线，内心不免为他们着急。我深感应该把自己对新天地的认识写出来，仿佛这是上天交下来的一份使命，这段记忆是属于瑞安的，也是属于上海这座城市的。

这本书是写给谁看的？这是我写稿时常常仰望星空，低头问心的一句话。

我希望此书是我个人的独立思考，是用第三只眼睛看新天地，千万不能写成一个纯粹的新天地推广宣传稿，要有一些反思。反思是一种认知的深度，从人们习以为常的事物中发现问题，并且敢于把这些问题讲出来。敢于发出不同的声音，是需要有点勇气的。

当一个人热爱自己的城市，才会关注自己城市的不足。

一个国家，一个城市，一个企业，应该有各种声音才对，长期只有一种声音是十分危险的，如果没有反对的声音，万马齐喑，国家或企业一旦犯错误，会走向极致，小错会酿成难以挽救的大错！

我没把写书一事事先通报给瑞安的高层领导，也没访问过公司的同事，力图保持一份独立性，与瑞安拉开一些距离。主要是担心书中一些文字可能会引起某些人的不快，文责自负，与瑞安无关。

不去访问当事者，如何写作？10年来，媒体对罗康瑞、本杰明·伍德、罗小未、郑秉泽、黄翰泓、陈建邦等人的采访文章很多，内容相当丰富，加上我与这些行家高手共事十多年，耳濡目染，这些成为我的写作素材。还有许多不见面的老师，沙永杰教授写的《中国城市的新天地》，我研读多遍，大开眼界，让我跳出开发商的商业性局限，从城市发展的层面去看太平桥旧区改造模式。

好文章是改出来的。此书前前后后有两次推翻重写，重写是因为对新天地有新的认知。新天地是一口深不可测的深井，在挖掘过程中不断有新的发现，从石库门历史文化和改革开放后的新文化中可以寻找到城市螺旋式发展的"回家"之路。

此书完稿后，我时常掩卷自问，10年前为何没有想到写新天地？若10年前真的动笔，会有今天的认知深度吗？答案是绝对不可能！当时，我们大家对新天地的认识就是如何保护石库门，还没有意识到历史建筑是城市建设的重要资源，文化遗产是最重要的城市竞争力储备，是未来城市品质的源泉。对事物认知需要时间的长度，时间是一种距离美，如同欣赏一幅中国山水画，靠得太近反倒看不清，退后一段距离才能看出名堂。

此书写作过程得到过许多人的帮助，原卢湾区一些参与太平桥旧区改造的老干部，为我提供了这个地区演变的历史和政府决策太平桥"旧改"的内幕，以及鲜为人知的小故事；瑞安公司大量的照片档案资料为我提供了丰富的图片素材；原卢湾区区长张载养提供了他的摄影佳作；摄影家金沽、卜立寅的照片为此书增色不少。编辑竺振榕女士给过我许多很专业的修改建议，使我下决心把原稿推翻，两次回到原点重新出发。写作是苦与甜交织的过程，夫人为我写作付出了许多辛劳，我很重视这位第一读者的看法和意见。对所有给过帮助的人，我都铭记在心，在此表示衷心感谢！

14年前，我离开市政府"下海"去香港瑞安公司前，不少朋友、领导、同事劝我慎重，不可轻言"下海"，呛了水再上岸是回不了机关的。他们说，你已年届不惑，这个年龄宜静不宜动；你原来是市政府的处长，与外企的老板是朋友关系，大家客客气气，离开政府到人家手下做事，心态调整得过来吗？到了外企才知道，跟对一个好老板特别不容易，事先很难预计，基本看运气了。有的人值得你为他付出，罗康瑞就是这样一位老板，跟着他可以学到很多东西，受用一辈子。我算是运气不错，很感谢生命历程中有缘分与新天地相伴14年。

上海新天地是罗康瑞一手创造的宝贝，而我有机会做了一件小事，把宝贝的模样描写出来了。

新版后记

近两年来，我们听到最多的一句话就是"百年未有之大变局"，谁承想这句话实实在在成为现实了。历史跨进了 2021 年，同时跨过历史门槛的还有全球疫情灾难和中华民族伟大复兴的国运。

上世纪末就有预言家预言: 21 世纪看亚洲，亚洲要看中国。中国在这次全球疫情大流行中表现不俗，最早控制住疫情，最早让经济复苏，还有力量"拉兄弟一把"，支援急需帮助的国家。

国运和时间站在中国这边。2021 年是中国共产党建党 100 周年的日子，也是紧邻中国共产党诞生地一大会址的上海新天地创立 20 周年的日子。更巧的是，新天地开发商瑞安公司恰好创立 50 周年。

特别的日子容易让人浮想翩翩，脑子里许多事不请自来。20 年前，瑞安公司接过改造中共一大会址前后两个石库门旧街坊，用以保护一大会址周边历史风貌的艰巨任务时，没想过要"伟大"，没想过要"出名"，一心只想从困境中突围，绞尽脑汁采取创新之法留住那些老房子，借用任正非的一句名言：除了胜利，我们已经无路可走。天道酬勤，功夫不负有心人，2001 年 6 月，上海新天地在合适的时间合适的地点精彩亮相，收获成功，引来世界关注的目光，时间是 2001 年 7 月 1 日中共建党 80 周年庆祝日，地点是中共一大会址旁，无数中外记者来采访报道，欧美国家记者提到最敏感的问题是中共一大会址与"新天地"的关系。中共一大纪念馆倪兴祥馆长坦然回答："新天地是中国改革开放的象征，是城市现代化的标志。"同是石库门建筑，中共一大会址的石库门承载着党的开创史，而新天地的石库门承载着时尚生活方式。6 月 12 日，时任国家领导人来参观中共一大会址，视察新天地、人工湖公园；当年 10 月 APEC 会议在沪召开期间，俄国总统普京等外国元首来新天地参观、用餐。在外界看来，罗康瑞的运气太好，早几年建成或晚一年去建都踩不到合适的时间点上，那可能就没有一个令世界瞩目的新天地了。

时运不来，求也求不来，运气来了推也推不掉。

新天地的成功当然不是运气好这三个字能概括得了的，事情没那么简单，它为中国城市化以及新的商业业态作出的贡献是巨大的，上海称它为"上海的新地标"、"城市新名片"，当之无愧。

中共建党 100 周年庆的日子如期将至，中共一大纪念馆的新馆也将建成开幕。新天地又一次沾光站到了世界和中国媒体的聚光灯下。《新天地 非常道》这本书也热起来了，东方出版中心看好此书价值，提出与我合作，再版中文版和出版英文版的《新天地 非常道》，东方出版中心总编辑郑纳新先生、总编办负责人马晓俊先生和责任编辑江彦懿小姐不但给予了高度重视，还富有创新。在互联网时代，再版的《新天地 非常道》有两项创意：其一，封底设二维码，扫码后可听朗读版《新天地 非常道》，朗读者是原上海电视台第一财经频道驻伦敦记者卜怡佳女士，她现在随丈夫生活在美国纽约市，朗读版全书 2020 年上线，收听率上升很快。其二，扫描另一二维码可以观看短视频《上海有片新天地》。

记得 2018 年的一天，我去市委办公厅送一份罗康瑞先生对上海"大虹桥发展"的建议报告，见到原上海市市长应勇的秘书高翔先生，我们头次见面，他告诉我，他正在看一本有关新天地的书，一问才知道是《新天地 非常道》。我顿时兴奋又好奇，市长秘书在网上买这本书看？一年后的八月盛夏，市政协干部、女书法家徐梅女士在新天地"壹号楼"举办"徐梅书法展"，市委原办公厅副秘书长刘卫国先生应邀来看书法展，谈笑时他无意中说了件事，市委办公厅有个内部供干部们阅读的图书馆，刘副秘书长负责每年购买新书的挑选，他幽默地对我说："一不小心把你写的书勾了进去。书确实写得不错，看的人不少。"我听了很受鼓舞，对城市的建设和发展有用是书的最大价值！

《新天地 非常道》再版，我仍延用了原版设计。王建纲老师是 2015 年版的《新天地 非常道》的装帧设计师，时隔五年，此书的设计还是那么大气、耐看，经得起岁月的磨砺。在此向他表示深深的敬意。

在此特别要提一下，这本书不仅装帧设计经受了时间考验，其内容也经受了时间的考验。此书 2015 年出版时就提出城市发展的规律逃脱不了否定之否定的定义，城市发展也是螺旋式上升的，每一次貌似回归原点，都是更高层次的新出发。书中提出了城市空间规划设计要以人为本，把工作、生活、学习融合在一起的城市社区规划才是上海未来城市发展的正确方向，城市文化可识别性是城市品质的体现以及城市公共空间是城市公共文化和提升市民文化素质的载体等一系列观点。2015年后的五年，上海城市建设的新成果无不验证这些观点的正确。

大概因此，新天地的创始人罗康瑞先生专门为本书的再版写"序"，新天地的总设计师本杰明·伍德先生应邀为本书英文版写"序"。中国著名建筑学专家、中科院院士郑时龄先生、国际城市土地学会（ULI）前中国大陆主席陈建邦先生、原上海文学艺术界联合会主席，海派文化的导师李伦新先生应邀为本书撰写了推荐语。在此一并表示衷心感谢。

本书特别增设了"藏书票"。上海女书法家联谊会副主席、书法名家徐梅女士欣然答应为本书设计"藏书票"。虽然上海图书馆早已收藏此书，"藏书票"利于本书在民间收藏。物以稀为贵，"藏书票"仅限于今年第一版第一次印刷的书拥有。

吃水不忘挖井人，我不但要感谢东方出版中心的热情真诚的帮助，我也不会忘记2015年首次出版的《新天地·非常道》的责任编辑竺振榕老师，也特别要感谢原上海市文联党组书记、作家李伦新老师向文汇出版社推荐了我的书稿。

我的一位亲戚在马鞍山市政府工作，他告诉我，前两年他领受了一项改造当地一条历史老街的任务，做方案和操作过程中碰到难题就到《新天地·非常道》一书里找答案，称这本书对他很有实用价值。

一本记录新天地的书能对现实的城市建设有用，便是它存在的价值、它的生命力所在。

周永平

二〇二一年五月一日

参考文献

[1] 罗小未 , 沙永杰 . 上海新天地 : 旧区改造的建筑历史、人文历史与开发模式的研究 [M]. 东南大学出版社 , 2002.

[2] 沙永杰 . 中国城市的新天地 [M]. 中国建筑工业出版社 , 2010.

[3]《domus 国际中文版》部 , 一石文化 . 与中国有关 [M]. 生活·读书·新知三联书店 , 2012.

[4]（加拿大）简·雅各布斯 . 美国大城市的死与生 [M]. 译林出版社 , 2006.

[5]（美）理查德·弗罗里达 , 侯鲲 . 你属哪座城 ?[M]. 北京大学出版社 , 2009.

[6] 戴志康 , 陈伯冲 . 高山流水 : 探索明日之城 [M]. 同济大学出版社 , 2013.

[7] 冯仑 , 聂峻 . 理想丰满 [M]. 文化艺术出版社 , 2012.

[8]（日）安藤忠雄 . 边走边思考 : 安藤忠雄的建筑人生 [M]. 中信出版社 , 2012.

[9] 赵启光 . 老子的智慧 [M]. 上海书店出版社 , 2009.

[10] 老子 , 丹明子 . 道德经的智慧 [M]. 内蒙古大学出版社 , 2004.

[11] 邵隆图 , 张宇凡 . 看见·发现 [M]. 上海文化出版社 , 2008.

[12] 薛理勇 . 旧上海租界史话 [M]. 上海社会科学院出版社 , 2002.

[13] 姜龙飞 . 上海租界百年 [M]. 文汇出版社 , 2008.

[14] 符芝瑛 . 今生相随——杨惠姗、张毅与琉璃工房 [M]. 现代出版社 , 2004.

[15] 徐逸波 , 翁祖亮 , 郑祖安 . 岁月——上海卢湾人文历史图册 [M]. 上海辞书出版社 , 2009.

[16] 王军 . 法国人经历的旧城改造 [N]. 解放日报 , 2008-11-28.

[17] 戴焱辉 . 上海新天地 [J]. 设计新潮 , 2002(1).

图书在版编目（CIP）数据

新天地　非常道 / 周永平著. 一 上海 : 东方出版
中心, 2021.5
ISBN 978-7-5473-1783-9

Ⅰ. ①新… Ⅱ. ①周… Ⅲ. ①城市规划－建筑设计－
上海 Ⅳ. ①TU984.251

中国版本图书馆CIP数据核字（2021）第091509号

新天地　非常道

著　　　者　周永平
责 任 编 辑　江彦懿
装 帧 设 计　王建纲　王申生　刘晓玲
藏书票设计　徐　梅

出版发行　东方出版中心有限公司
地　　址　上海市仙霞路345号
邮政编码　200336
电　　话　021-62417400
印 刷 者　上海丽佳制版印刷有限公司

开　　本　710mm×1000mm　1/16
印　　张　21.5
字　　数　222千字
插　　页　4
版　　次　2021年7月第1版
印　　次　2021年7月第1次印刷
定　　价　88.00元